U0220543

全國高等院校古籍整理研究工作委員會直接資助項目

〔晋〕杜預 撰
〔清〕陳厚耀 撰 郜積意 點校

春秋長曆二種

上册

中華書局

圖書在版編目(CIP)數據

春秋長曆二種/(晉)杜預,(清)陳厚耀撰;郜積意點校. —北京:中華書局,2021.6
ISBN 978-7-101-15195-4

Ⅰ.春…　Ⅱ.①杜…②陳…③郜…　Ⅲ.歷法-研究-中國-春秋時代　Ⅳ.P194.3

中國版本圖書館 CIP 數據核字(2021)第 093023 號

責任編輯:汪　煜　石　玉

春秋長曆二種
(全三册)
〔晉〕杜　預　〔清〕陳厚耀 撰
郜積意 點校
*
中 華 書 局 出 版 發 行
(北京市豐臺區太平橋西里 38 號　100073)
http://www.zhbc.com.cn
E-mail:zhbc@zhbc.com.cn
北京瑞古冠中印刷廠印刷
*
850×1168 毫米 1/32・24½印張・6 插頁・400 千字
2021 年 6 月北京第 1 版　　2021 年 6 月北京第 1 次印刷
印數:1-2500 册　　定價:86.00 元

ISBN 978-7-101-15195-4

整理前言

史記孔子世家云夫子爲春秋，「筆則筆，削則削，子夏之徒不能贊一辭」。緯書春秋説云：「孔子作春秋，九月而書成，以授游、夏之徒，游、夏之徒不能改一字。」是夫子作春秋，當時已有寫定之本。惟今日所見三傳之經，實非夫子定本，乃漢以後人所記，口耳相傳，書寫不一。以月日爲例，莊公三十二年左氏經「十月己未，子般卒」，己未，公、穀二家經作「乙未」。閔公二年經「八月辛丑，公薨」，辛丑，今各本皆同，然據唐陸淳春秋集傳纂例，知陸氏所見公羊經作辛酉。僖公九年經「甲子，晉侯佹諸卒」，甲子，公羊經作甲戌。昭公二十五年經「九月己亥，公孫于齊」，己亥，穀梁經作「乙亥」。哀公四年經「二月庚戌，盜弒蔡侯申」，二月，公羊經作三月。此類異文，不暇屢舉。欲辨其間異同，則不得不求諸春秋曆表；欲求春秋曆表，則須精研經傳以及曆術。然自來兼精經學與曆學者寡，或但求合天，而疏於考古；或但據經傳，而乖於曆理。是以今日讀者於三家經之曆日異同，多不能定其去取。斯篇所收春秋長曆二種，一爲晉杜預所撰，一爲清陳厚耀所撰。杜氏長曆，主據經傳，時有不合曆理者。陳氏長曆，則爲補正杜曆而作，讀者藉此既可知杜曆之得失，又可知陳氏編排之法。兩書合觀，不但二氏編排曆表之異同略可窺見，且於三傳曆日之異同，或有所裁擇焉。

一

杜預，字元凱，京兆杜陵人。事跡見晉書本傳。預博學多通，明於興廢之道。本傳謂其滅吴之後，從容無事，乃耽思經籍，爲春秋左氏經傳集解。又參考衆家譜第，謂之釋例。又作盟會圖、春秋長曆，備成一家之學。似謂集解與長曆爲二書，然據四庫提要所論，長曆乃釋例中之一篇，非别爲一書也。

杜預自言其編排長曆之法：「時之違謬，則經傳有驗。學者固當曲循經傳月日、日食以攷晦朔也。」可知杜氏設置閏月與連大月，乃以經傳月日爲準，不從古曆術推算。若據四分術，閏月之年有定，連大月之設亦有一定，但四分術所推朔閏，時與春秋經傳不合。如依周曆推算，隱公十年有閏，長曆卻於隱九年置閏，緣隱九年有十一月甲寅之文，且隱十年月日記載也與閏九年者相合，是以杜氏置閏在九年，不在十年。又如隱公十一年十月、十一月爲連大月，去前連大月凡十七月；桓公二年二月、三月連大月，去前亦十七月。

依四分曆法，桓公三年連大月當去前十五月，即桓公三年五月、六月爲連大月，但因此年七月壬辰朔日食，故長曆於七月、八月設爲連大月。諸如此類，是杜預曲循經傳推排曆表之證。由于經傳曆日有非曆理可解者，如襄公二十一年九月、十月頻月而食，襄二十四年七月、八月頻月而食，故長曆編排也不全依曆理。後來者譏彈杜曆違於曆理，實非杜氏之本意。

長曆雖然曲循經傳月日，而與曆理相違，但杜氏考證之功卻不可没。襄公九年傳云「閏月戊寅」，長曆雖於年末書「傳閏月」三字，意謂據傳置閏，但不書朔日甲乙，實以爲傳文有誤。杜氏論云：

參校上下，此年不得有閏月，戊寅乃是十二月二十日也。思惟古傳文必言「癸亥，門其三門，門五日」，戊寅，相去十六日，癸亥，門其三門，門各五日，爲十五日，明日戊寅，濟于陰阪，于敘事及曆皆合。然則，「五」字上與「門」合爲「閏」，後學者自然轉「日」爲「月」也。傳曰：「晉人不得志于鄭，以諸侯復伐之。十二月癸亥，門其三門。」門則向所伐鄟門、師之梁及北門也。晉人三番四軍，以三番爲待楚之備，一番進攻，欲以苦鄭而來楚也。五日一移，楚不來，故侵掠而還。殆必如此，不然，則二字誤。

此段考證文字可謂精見卓識，「閏月」爲「門五日」之誤，足爲定讞。杜氏既云「參校上下，此年不得有閏月」，今試爲補釋如下。

其一，上經書十二月癸亥，此書「閏月戊寅」，若此年閏十二月，則閏月之朔日當在甲子至戊寅之間。如此，明年襄十年二月朔日當在癸亥至丁丑間，四月朔日當在壬戌至丙子間，即使中有連大月，僅一日之差（案兩月凡五十九日，或六十日），然十年傳文有四月戊午，以朔日壬戌至丙子間衡之，皆不合。

其二，四月朔日既在壬戌至丙子間，則五月朔日當在壬辰至丙午間，傳有五月庚寅之文，也與之不合。

其三，據閏月之朔在甲子至戊寅間，可上推襄九年十一月朔日在乙丑至己卯間，九月朔則在丙寅至庚辰間，七月朔日在丁卯至辛巳間，五月朔在戊辰至壬午間。經有五月辛酉、八月癸未，皆不合。

有此三證，知杜氏云此年無閏者，正參校經傳前後曆日而得。孔穎達正義嘗引衛冀隆難杜云：「案昭二十年朔旦冬至，其年云『閏月戊辰，殺宣姜』。又二十二年云『閏月，取前城』，竝不應有閏，而傳稱閏，是史之錯失，不必皆在應閏之限，杜豈得云此年不得有閏，而改爲門五日也？若然，閏月殺宣姜，閏月取前城，皆爲門五日乎？」衛氏之意，若「閏月」可改爲「門五日」，則昭公二十年傳「閏月，殺宣姜」，昭二十二年傳「閏月，取前城」，皆可改閏月爲「門五日」歟？衛氏所難，乃專據杜氏形譌之説而發，未及杜氏參校曆日之法，故不得杜氏本旨。舉此一隅，明杜氏推排曆表，固主據經傳曆日，亦未嘗不知章蔀之大例也，雖然閏法、連大月之設有所遷就。然其用心精細，實足爲學者洽聞殫見之助。

二

陳厚耀，字泗源，号曙峰，江苏泰州人，康熙四十五年丙戌進士，嘗從學於梅文鼎，精通曆算，事跡略見於清史列傳等。陳氏有禮記分類、左傳分類、春秋戰國異辭等書。據江藩漢學師承記所言，陳氏春秋長曆乃左傳分類之一門。今考長曆一書，分爲四類，一曰曆證，引證史籍論曆之文以備參考。二曰古曆，據僖公五年傳云「正月辛亥朔，日南至」，上推七十六年，即以惠公三十八年（前七三一）爲近曆元。先列算法，後附曆表，而魯十二公之年入第幾章第幾年，遂一目了然。三曰曆編，先出杜預長曆，後附經傳曆日以證杜曆之得失。四曰曆存，定隱正建丑，較杜曆退二月，並重新修訂曆表，止於僖公五年。

以上四類，以古曆、曆編二類最能彰顯陳氏之曆學，兹分别述之。

其一、關於古曆法。陳氏先列古曆法，後附曆表。爲便於讀者了解其中算法，兹先録原文，後疏通之。

古曆法：古法十九年爲一章，至、朔分齊。四章爲一蔀，復得朔旦冬至。二十蔀爲一紀，則日之干支復其初。三紀爲一元，則年月日之干支皆復其初，是爲曆元。解曰：古曆十九年爲一章，自章首算起，歷十九年，朔日與冬至日之餘分齊同。歷七十六年一蔀，不但至朔分齊，且無餘分，故云朔旦冬至。歷二十蔀一紀，不但復得朔旦冬至，且日名相同。歷三紀爲一元，則不但日名相同，年名亦同。算法見下。

章法：十九年，二百三十五月。解曰：古曆十九年七閏，一章十九年，凡二百三十五月，即 19×12+7=235。19 即是章法。

蔀法：七十六年，九百四十月。解曰：一蔀四章，凡七十六年：19×4=76，76 即是蔀法。一章凡二百三十五月，則一蔀之月數即九百四十月：4×235=940。

紀法：一千五百二十年，一萬八千八百月。解曰：一紀二十蔀，凡一千五百二十年：20×76=1520，1520 即是紀法。又，蔀月 940，則一紀之月數：20×940=18800。

元法：四千五百六十年，五萬六千四百月。解曰：一元三紀，凡四千五百六十年：1520×3=4560，

4560 即是元法。紀月 18800，則一元之月數：$3\times18800=56400$。

日法：九百四十分，歲三百六十五日四分日之一，即九百四十分日之二百三十五。解曰：定一日爲九百四十分，歲實三百六十五日四分日之一；以九百四十通分，則 $365+1/4=365+235/940$，940 即是日法。

歲法：三十四萬三千三百三十五分。解曰：通分歲實，$365+235/940=343335/940$，343335 即是歲法。月二十九日九百四十分日之四百九十九。解曰：歲三百六十五日四分日之一，則十九歲凡積日：$19\times(365+1/4)=27759/4$。又十九歲七閏凡二百三十五月，則一月之日數：$27759/4\div235=27759/940=29+499/940$，故云月二十九日九百四十分日之四百九十九。

月法：二萬七千七百五十九分。解曰：月二十九日九百四十分日之四百九十九，通分之：$29+499/940=27759/940$，27759 即是月法。

歲餘：一萬零二百二十七。每歲朔虛五千二百九十二分，氣盈四千九百三十五分，併之爲歲餘。解曰：一月凡二十九日九百四十分日之四百九十九，則朔歲之日：$12\times(29+499/940)=354+348/940$，以 360 日相減，即 $360-(354+348/940)=5+592/940=5292/940$，5292 即朔虛之數。氣歲之日，即歲實三百六十五日四分日之一，以 360 日減去之，即 $(365+1/4)-360=5+1/4=4935/940$，4935 即氣盈之數。氣盈與朔虛之數合併，即是歲餘數：$4935+5292=10227$。

月餘：八百五十二分二秒五忽，每月朔虛四百四十一分，氣盈四百一十一分二秒五忽，併之爲月餘。解曰：上云每歲朔虛五千二百九十二分，則每月朔虛：5292÷12＝441。上云每歲氣盈四千九百三十五分，則每月氣盈：4935÷12＝411.25。月餘，即每月朔虛數與氣盈數相合併：411＋411.25＝852.25，故云月餘八百五十二分二秒五忽。

推天正入朔分：置所求年，從曆元數至此年，爲所求幾何年。解曰：此爲陳氏自注，曆元數至此年，爲算上年數。減一，以歲法乘之，乃以月法收之，爲月。餘不滿一月法者，去之。所得月，復以月法乘之，得數，滿日法去之，餘即天正入朔分。以次遞加四百九十九，滿日法，去之，即次月入朔分。解曰：置所求年減一者，謂曆元至此年爲算上之年，若是算外之年，則不減一。例舉算法如下：設若曆元至所求年爲4年算上，則（1）求所得月：（4−1）×343335÷27759＝37＋2922/27759。37，即所得月。2922爲月餘數，不滿月法，故云「去之」，謂不計耳。（2）求天正入朔分：37×27759＝1027083，1027083÷940＝1092＋603/940，餘數603，即天正入朔分。次月入朔分爲：603＋499−940＝162，162，即二月入朔分。

推冬至日及分：置所求年減一，以歲法乘之，加天正入朔分，得數，滿月法去之，餘以日法收之，爲日，加一日命之，即所求冬至日及分。解曰：此求冬至在何日及餘分也。復以所求年算上4年爲例：（4−1）×343335＋603＝1030608，1030608−27759×37＝3525，3525÷940＝3＋705/940。3，即爲日之數。「加一日命之」者，謂3＋1＝4，知冬至在正月初四日。705，則是冬至餘分。

推月大小：視入朔分在四百四十一分以下爲月大，以上爲月小。解曰：續漢書律曆志云「小餘四百四十一以上，其月大」，今陳氏云「四百四十一分以下爲月大，以上爲月小」者，蓋以先算爲上，後算爲下。四百四十一分以下者，謂四百四十二分、四百四十三分遞次而下，即入朔分≥441，爲月大。反之，先算者，1、2、3 至於 410，即入朔分<441 者，爲月小。

推閏年閏月：置所求年不減一，以歲餘乘之，得數，滿月法去之，餘視不滿歲餘者，則置閏之年；乃以月餘收之，爲月，所得月以反減十二，餘爲所閏之月。解曰：以所求年算上三年爲例：（1）求閏年：3×10227＝30681，30681−27759＝2922，餘數 2922，少於歲餘 10227，是此年有閏。（2）求閏月：2922÷852.25＝3+1461/3409，3 即所得月，反減十二，即 12−3＝9，知此年閏九月。如滿歲餘以外者，此年不置閏。解曰：以所求年算上四年爲例，4×10227＝40908，40908−27759＝13149，餘數 13149 大於歲餘 10227，此年無閏。故云「滿歲餘以外者，此年不置閏」。其月法去之，適盡者，爲蔀之末年，閏十二月。解曰：蔀之末年，即入蔀 76 年，76×10227＝777252，777252−27759×28＝0，適盡，無餘分。故知「以月法去之適盡」者，正是蔀之末年，此年必閏十二月。以天正朔分無餘數，反減十二者，即 12−0＝12，故知閏十二月。

推至朔分齊之年：以月法二萬七千七百五十九與歲餘一萬二百二十七，用約分法對減之，各餘一千四百六十一，解曰：此求月法 27759 與歲餘 10227 之最大公約數，即 1461。以除月法，得十九年，爲至朔分齊，是爲一章。解曰：27759÷1461＝19。十九年凡 235 月，所得日：235×（29+499/940）＝6939+705/940，入朔分即 705。又據推冬至日及分法：（20−1）×343335+705＝6524070，6524070−27759×235＝705，705÷940＝705/940，是冬至餘分亦是 705，可推章十九年即是至朔分齊之年。雖至朔分齊，然有餘分 705，非朔旦也。四倍之，得七十六年，爲一蔀，而得朔旦至朔分齊之日。解曰：4×19＝76 年，爲一蔀，凡 940 月，所得日：

940×27759/940＝27759，適盡，無小餘，故云朔旦至朔分齊。雖朔旦至朔分齊，但日名不同，如僖公五年壬子蔀首，成公十二年辛卯蔀首，皆朔旦至朔分齊，但壬子與辛卯日名不同。又以一千四百六十一除歲餘，得七，爲一章之閏。解曰：10227÷1461＝7，7 即章閏數。

推甲子年甲子月甲子日至朔分齊：以蔀法七十六年，乘歲三百六十五日四分日之一，得日二萬七千七百五十九，以六十全甲之數去之，餘日三十九。解曰：76×（365＋1/4）＝27759，27759−60×462＝39。却以全甲六十，用約分法對減之，各餘三，解曰：求 39 與 60 的最大公約數爲 3。以除全甲六十，得二十，再以二十乘七十六年，得一千五百二十年，解曰：60÷3＝20，20×76＝1520。而爲甲子日至朔分齊，是爲一紀。解曰：一紀 1520 年，不但朔旦至朔分齊，甲子日名亦同。又以紀法一千五百二十，用六十去之，餘二十，是全甲三之一也。解曰：1520−60×25＝20。20，即全甲 60 之三分一。以三週一千五百二十年，得四千五百六十年，而爲甲子年甲子日至朔分齊之年。解曰：一元三紀：3×1520＝4560，歷一紀 4560 年，不但甲子日名相同，甲子年名亦同，故云甲子年甲子月甲子日至朔分齊。不言甲子月、甲子時者，冬至即子月，合朔即子時也，是爲一元。

推每蔀月朔相承捷法：天干挨次逆推，如甲至癸，癸至壬是也。解曰：云甲至癸者，謂天干挨次。十天干之次：甲乙丙丁戊己庚辛壬癸也；云癸至壬者，謂逆推之，即自癸至壬、至辛，以至於甲也。地支隔三順推，如子至卯、卯至午是也。皆週而復始。解曰：地支十二之次：子丑寅卯辰巳午未申酉戌亥。

考古曆二十蔀之名：一、甲子。二、癸卯。三、壬午。四、辛酉。五、庚子。六、己卯。七、戊午。八、丁酉。九、丙子。十、乙卯。十一、甲午。十二、癸酉。十三、壬子。十四、辛卯。十五、庚午。十六、己酉。十七、戊子。十八、丁卯。十九、丙午。二十、乙酉。據此二十蔀名，則每蔀月朔「天干挨次逆推，地支隔三順推」，可知也。

按春秋曆，蔀首月朔惟得申、亥、寅、巳，解曰：據下陳氏所排春秋古曆表，蔀首月朔之名爲壬申、辛亥、庚寅、己巳，故云惟得申、亥、寅、巳。其子、丑、卯、辰、午、未、酉、戌皆不值，所謂甲子朔旦冬至，竟爲數之所無。漢書殷曆、周曆朔旦不同，解曰：漢書言周曆者，見於劉歆世經云「四分上元至伐桀十三萬二千一百一十三歲，其八十八紀甲子府首入伐桀後百二十七歲」，此四分即周曆也。以僖公五年爲例，殷曆壬子朔旦冬至，而周曆則是壬子蔀第四章首，以辛亥日一分合朔（案周曆上元至魯僖公五年凡 2759770 年算上，滿元法去之，餘九百七十年算上，減一，以蔀法 76 除之，得 12，餘 57∴命起甲子，算外 12，入壬子蔀也。所得月∵ 57×235/19＝705∴所得日∵ 705×27759/940＝20819+1/4，以全甲 60 去之，餘 59∴命起壬子，算外 59，得天正朔辛亥，餘分 1），餘分既爲 1，不得謂之朔旦，是周曆與殷曆朔旦不宜相比。今陳氏既云「殷曆、周曆不同」，似以劉歆所言春秋曆當周曆也，如漢書律曆志云「惠公三十八年正月壬申朔旦冬至，殷曆以爲癸酉」，「釐公五年正月辛亥朔旦冬至，殷曆以爲壬子」。則三代所用之曆亦各有增減，而朔旦四甲子必古有之，解曰：四甲子者，謂甲子年、甲子月、甲子日、甲子時。而周曆不合耳。

又按三代改曆，非重修曆法也。其日法九百四十分及章、蔀、紀、元之法，初未嘗易。漢太初曆猶仍其舊，不過因測景冬至後天，則移冬至朔旦于前一日，以示改易之意，如顓項用甲寅，殷用壬子，周用辛亥之類。蓋古人未知有歲差，惟于數百年中減去一二日，以求合天，而曆法初不之改也。改曆自後漢始。

入朔分入何年何月附：置入朔分，以八百五十九乘之，用八百五十九者，推得八百五十九月，則入朔餘一分，遞乘之，則遞增一分。解曰：此爲陳氏自注，算法詳下。得數，以蔀月九百四十去之，餘月又以章月二百三十五收之，餘月以章首年月數之，即知入何章何年何月。解曰：月二十九日又九百四十分日之四百九十九，則每月餘分四百九十九，積八百五十九月，餘分爲一，即 $859\times499/940=456+1/940$。設若入朔分爲 876，算如下：$876\times859=752484$，$752484-940\times800=484$，$484\div235=2+14/235$，自章首算起，算外 2，入第三章。又自章首天正月算起，算外 14 月，知入三章二年三月也。

以上疏通古曆算術，讀者據此可知陳氏編排曆表之法。

其二，關於曆編。杜氏長曆爲春秋釋例之一篇，然明代以來，釋例已無完書，陳氏所言杜氏長曆者，蓋自左傳注疏及春秋屬辭等書中輯出。今觀其所輯，與杜氏原本多有出入。乾隆間四庫館臣自永樂大典中輯出杜氏長曆，與陳氏所輯相較，異同可見。如下表：

杜氏長曆文淵閣本與陳氏輯本異同表

桓公四年曆表

	正月	二月	三月	四月	五月	六月	七月	八月	九月	十月	十一月	十二月	閏月
文淵閣本	庚寅	己未	己丑	戊午	戊子	丁巳	丁亥	丙辰	丙戌	乙卯	乙酉	甲寅	
陳氏本	庚寅	己未	己丑	戊午	戊子	丁巳	丁亥	丙辰	丙戌	丙辰	乙酉	乙卯	甲申〔補〕

桓公五年曆表

	正月	閏月	二月	三月	四月	五月	六月	七月	八月	九月	十月	十一月	十二月
文淵閣本	甲申	甲寅	癸未	癸丑	壬午	壬子	辛巳	辛亥	庚辰	庚戌	庚辰	己酉	戊寅
陳氏本	甲寅		癸未	癸丑	壬午	壬子	辛巳	辛亥	庚辰	庚戌	己卯	己酉	戊寅

莊公二十年曆表

	正月	二月	三月	四月	五月	六月	七月	八月	九月	十月	十一月	十二月	閏月
文淵閣本	癸酉	壬寅	壬申	壬寅	辛未	辛丑	庚午	庚子	己巳	己亥	戊辰	戊戌	丁卯
陳氏本	癸酉	壬寅	壬申	辛丑	辛未	庚子	庚午	己亥	己巳	戊戌	戊辰	戊戌	丁卯〔補〕

續表

文公八年曆表

	正月	二月	三月	四月	五月	六月	七月	八月	九月	十月	十一月	十二月	閏月
文淵閣本	壬子	壬午	壬子	辛巳	辛亥	庚辰	庚戌	己卯	己酉	戊寅	戊申	丁丑	
陳氏本	癸丑	壬午	壬子	辛巳	辛亥	庚辰	庚戌	己卯	己酉	己卯	戊申	戊寅	

文公九年曆表

	正月	二月	三月	四月	五月	六月	七月	閏月	八月	九月	十月	十一月	十二月
文淵閣本	丁未	丙子	丙午	丙子	乙巳	乙亥	甲辰	甲戌	癸卯	癸酉	壬寅	壬申	辛丑
陳氏本	丁未	丁丑	丙午	丙子	乙巳	乙亥	甲辰	甲戌	癸卯	癸酉	壬寅	壬申	辛丑

表中列舉陳氏輯本與文淵閣本異同之例，一則可見陳氏立説與杜曆不合，二則可見陳氏於曆學深造自得。如陳氏論莊公二十年曆表云：

按杜氏曆自莊十七年閏六月，至莊二十四年始閏七月，凡相去八十五月，不應閏法疏闊如此。今推勘上下日月，其十九年六月内有庚申，是已。而下年之五月則無辛酉，七月則無戊辰，至二十二年月日皆不合，以是知年前失一閏也。意杜曆傳本失之，今于此年補一閏，則皆合矣。

杜曆莊二十年本有閏十二月，今陳氏所輯本無閏，而補閏於二十年末，正與杜曆原本暗合。又論文公八年長曆云：「杜氏曆是年閏七月，以推下八月之戊申、十月之壬午、乙酉、丙戌及明年正月之己酉、乙丑、二月之辛丑、三月之甲戌、九月之癸酉，皆不合。若移置明年七月閏，則上下皆合矣。」今驗以杜曆原本，文公九年正閏九月。於此二證，足可窺探陳氏曆學之造詣。昔顧棟高撰春秋大事表，嘗言「聞泰興曙峰陳先生有書六卷，屢郵書求其令嗣而不獲」，雖不知顧氏「不獲」之故，但陳氏輯本非爲定本，其中舛謬，自家知之最深，其子不願示人，或爲親者諱隱歟？

杜預春秋長曆，乃乾隆間四庫館臣自永樂大典中輯出，間附考證。嘉慶七年，孫星衍刻入岱南閣叢書中。據孫序云：「春秋釋例三十篇，並劉蕡序存永樂大典中，國朝四庫書據孔氏左傳正義增訂爲十五卷，以符隋經籍志舊數。内府秘書，學者或未窺見，因與莊大令述祖商付梨版，以廣流傳。」則孫刻本實祖文淵閣本，可知也。故此番點校，以孫氏岱南閣叢書本爲底本，校以臺北商務印書館景印文淵閣四庫全書本（簡稱文淵閣本），並參鍾謙鈞古經解彙函本（鍾本乃據孫本重刊）。陳厚耀春秋長曆，則據皇清經解續編本，校以文淵閣本。今於此粗解陳氏算法，或可爲讀是書者之一助。然學識淺陋，錯謬難免，懇請讀者不吝教正。

霞浦部積意謹識

二〇二〇年十二月二十日

目録

下册

春秋長曆

〔晉〕杜預 撰
郜積意 點校

春秋長曆

曆説〔一〕

桓十七年，「冬，十月朔，日有食之」，傳曰：「冬，十月朔，日有食之。不書日，官失之也。天子有日官，諸侯有日御。日官居卿以底日〔二〕，禮也。日御不失日，以授百官于朝。」

莊二十五年夏云云，「六月辛未朔，日有食之。鼓，用牲于社」，傳曰：「夏，六月，辛未朔，日有食之。鼓，用牲于社，非常也。惟正月之朔，慝未作，于是乎用幣于社，伐鼓于朝。」

僖十五年，「夏，五月，日有食之」，傳曰：「夏，五月，日有食之。不書朔與日，官失之也。」

文元年春云云，「二月癸亥，日有食之」，傳曰：「于是閏三月，非禮也。先王之正時

〔一〕「曆説」二字原無，據下文所述，知杜氏先撰曆論，後撰長曆，且晉書律曆志云「當陽侯杜預著春秋長曆説云」，兹補「曆説」二字爲題名。

〔二〕「底」，原作「厎」，據阮元左傳注疏校勘記改。

也，履端于始，舉正于中，歸餘于終。履端于始，序則不愆。舉正于中，民則不惑。歸餘于終，事則不悖。」閏當在僖公末年。

十五年夏云云，「六月辛丑朔，日有食之。鼓，用牲于社」，傳曰：「六月辛丑朔，日有食之。鼓，用牲于社，非禮也。日有食之，天子不舉，伐鼓于社；諸侯用幣于社，伐鼓于朝，以昭事神、訓民、事君，示有等威，古之道也。」

襄二十七年，「冬，十有二月乙亥朔，日有食之」，傳曰：「十一月〔一〕，乙亥朔，日有食之。辰在申，司曆過也，再失閏矣。」

昭十七年，「夏，六月甲戌朔，日有食之」，傳曰：「夏，六月甲戌朔，日有食之。祝史請所用幣，昭子曰：『日有食之，天子不舉，伐鼓于社；諸侯用幣于社，伐鼓于朝，禮也。』平子禦之，曰：『止也。惟正月朔，慝未作，日有食之，于是有伐鼓、用幣，其餘則否。』太史曰：『在此月也。日過分而未至，三辰有災，于是乎百官降物，君不舉，辟移時，樂奏鼓，祝用幣，史用辭。故夏書曰：「辰不集于房，瞽奏鼓，嗇夫馳，庶人走。」此月朔之謂也。當夏四月，是謂孟夏。』平子弗從。昭子退，曰：『夫子將有異志，不君君矣。』」

〔一〕「十一月」，原作「十二月」，據阮刻本傳文改。

哀十二年，「冬，十有二月，螽」，傳曰：「冬，十二月，螽。季孫問諸仲尼，仲尼曰：『丘聞之，火伏而後蟄者畢。今火猶西流，司曆過也。』」

曆見經傳七百七十九，傳發有八。

釋例曰：書稱：「朞三百六旬有六日，以閏月定四時成歲。允釐百工，庶績咸熙。」是以天子必置日官，諸侯必置日御，世修其業，以攻其術。案「攻」字，劉昭續漢書律曆志注引長曆作「攷」。舉全數而言，故曰「六日」，其實五日四分日之一。日一日行一度，而月日行十三度十九分度之七有奇。日官當會集此之遲速，案「速」字，劉昭續漢書律曆志注及晉書引長曆並作「疾」。以考成晦朔，錯綜以設閏月。閏月無中氣，而北斗斜指兩辰之間，所以異于他月也。積此以相通，四時八節無違，乃得成歲。其微密至矣。得其精微，以合天道，則事敘而不悖。故傳曰：「閏以正時，時以作事，事以厚生，生民之道于是乎在矣。」然陰陽之運，隨動而差；差而不已，遂與曆錯。故仲尼、丘明每于朔閏發文，蓋矯正得失，因以宣明曆數也。

桓十七年，日有食之，得朔，而史闕其日，單書朔。僖十五年日食，亦得朔，而史闕其朔與日。故傳因其得失，並起時史之謬，兼以明其餘日食，或曆失其正也。莊二十五年經書「六月辛未朔，日有食之。鼓，用牲于社」，周之六月，夏之四月，所謂正陽之月也，而曆數誤。案「曆數」，劉昭續漢書律曆志注引長曆作「時曆」。實是七月之朔，非六月。故傳曰：「非常也。惟正月之朔，慝未作，日有食之，于是乎有用幣于社，伐鼓于朝。」明此食非用幣、伐鼓常月，因變而起，曆誤也。文十五年經文皆同，而更復發傳曰「非禮」者，明前傳欲以審正陽之月，後傳發例欲以明諸侯之禮，而用牲爲非禮也〔一〕。此乃聖賢之微旨，而先儒所未喻也。

昭十七年夏，六月，日食，而平子言非正陽之月，以誣一朝，近于指鹿爲馬，故傳曰「不君君」，且因以明此月爲得天正也。劉子駿造三統曆以修春秋，春秋日有食之有甲乙者三十四，而三統曆惟得一日食，曆術比諸家既最疏；又六千餘歲輒益一日。凡歲當累日爲次，而無故益之，此不可行之甚者。班固，前代名儒，而謂之最密。非徒班固也，自古以來，諸論春秋者多違謬，案「多違謬」，劉昭律曆志注及晉書引長曆並作「多述謬誤」。或造家術，或用黄帝以來諸曆，以推經傳朔日，皆不得諧合。日食于朔，此乃天驗，經傳又書其朔日食，可謂得天。而劉、賈諸儒説皆以爲月二日，或三日，並公違聖人明文。其蔽在于守一元，不與天消息也。

〔一〕原脱「而用牲爲非禮」六字，據文淵閣本補。

余感春秋之事，嘗著曆論，極言曆之通理。其大指曰：「天行不息，日月星辰各運其舍，皆動物也。物動則不一，雖行度大量，案「行度」下，晉書律曆志引長曆有「有」字。可得而限，累日爲月，累月爲歲。以新故相攷，案「攷」字，劉昭續漢書律曆志注引長曆作「序」。不得不有毫毛之差，案「毫毛」，晉書律曆志引長曆作「毫末」。此自然之理也。故春秋日有頻月而食者，有曠歲而不食者，理不得一，而算守恒數，故曆無有不差失也。始失于毫毛，而尚未可覺；積而成多，以失弦望朔晦，則不得不改憲以順之，案「順」字，劉昭續漢書律曆志注及晉書引長曆並作「從」字。書所謂『欽若昊天，曆象日月星辰』，易所謂『治曆明時』，言當順天以求合，非爲合以驗天者也。案此句，文元年正義引釋例作「非苟合以驗天者也」。推此論之，春秋二百餘年，其治曆通變多矣。案「通變」，劉昭續漢書律曆志注及晉書引長曆並作「論體」〔一〕。雖數術絶滅，還尋經傳微旨，大量可知。時之違謬，則經傳有驗。學者固當曲循經傳月日、日食以攷晦朔也，以推時驗。而見皆不然，各據其學以推春秋，此無異度己之跡而欲削他人之足也。」

余爲曆論之後，至咸寧中，有善算者李修、夏顯，案「夏顯」，晉書律曆志引長曆作「卜顯」。依曆體爲術，案「曆體」，劉昭續漢書律曆志注及晉書引長曆並作「論體」。名乾度曆，表上朝廷，其術合日行

〔一〕案今本劉昭注皆作「變通」，非「論體」。

四分之數，而微增月行，案「月行」，晉書律曆志引長曆作「月術」。用三百歲改憲之意。二元相推，七十餘歲，承以强弱，强弱之差蓋少，而適足以遠通盈縮。時尚書及史官以乾度曆與泰始曆參校古今記注，乾度曆殊勝。案晉書律曆志引長曆此句下有「泰始曆上勝官曆四十五事」十一字。今其術具存，時又并攷古今十曆以驗春秋，知三統曆之最疏也。今具列其時得失之數，又據經傳微旨、證據及失閏旨，攷日辰朔晦以相發明，爲經傳長曆如左。諸經傳證據及失閏違時文字謬誤，皆甄發之。雖未必其得天，蓋是春秋當時之曆也。學者覽焉。

經傳長曆〔一〕

大凡經傳有七百七十九日：三百九十三日經，三百八十六日傳。其三十七日食，三無甲乙。

黄帝曆得四百六十六日，一日食；失三百一十三日，三十六日食。三無甲乙。

顓頊曆得五百九日，八日食；失二百七十日，二十九日食。三無甲乙。

夏曆得五百三十六日，十四日食；失二百四十三日，二十三日食。三無甲乙。

〔一〕「經傳長曆」四字原無，據杜氏云「爲經傳長曆如左」，兹增此四字以爲題。

真夏曆得四百六十六日，一日食；失三百一十三日，三十六日食。三無甲乙。

殷曆得五百三日，十三日食；失二百七十六日，二十四日食。三無甲乙。

周曆得五百六日，十三日食；失二百七十三日，二十四日食。三無甲乙。

真周曆得四百八十五日，一日食；失二百九十四日，三十六日食。三無甲乙。

魯曆得五百二十九日，十三日食；失二百五十日，二十四日食。三無甲乙。

三統曆得四百八十四日，一日食；失二百九十五日，三十六日食。三無甲乙。

乾象曆得四百九十五日，七日食；失二百八十四日，三十日食。三無甲乙。

泰始曆得五百一十日，十九日食；失二百六十九日，十八日食。三無甲乙。

乾度曆得五百三十八日，十九日食；失二百四十一日，十八日食。三無甲乙。

今長曆得七百四十六日，三十三日食；失三十三日，經傳日月誤，四日食。三無甲乙。

漢末宋仲子集七曆以攷春秋，案其夏、周二曆術數，皆與藝文志所記不同，故更其名爲真夏、真周曆也。

隱公元年己未

正月辛巳小　二月庚戌大　三月庚辰小
四月己酉大　五月己卯小　六月戊申大
七月戊寅小　八月丁未大　九月丁丑小
十月丙午大　十一月丙子大　十二月丙午小

五月辛丑。
二十三日。
十月庚申。
十五日。

隱公二年庚申

正月乙亥大　二月乙巳小　三月甲戌大
四月甲辰小　五月癸酉大　六月癸卯小
七月壬申大　八月壬寅小　九月辛未大
十月辛丑小　十一月庚午大　十二月庚子小

閏十二月己巳大

八月庚辰。

八月無庚辰，七月九日有庚辰，日月必有誤。案左傳正義云：「杜檢勘經傳，此年八月壬寅朔，其月三日甲辰、十五日丙辰、二十七日戊辰，其月無庚辰也。七月壬申朔，則九日有庚辰。杜觀上下，若月不容誤，則指言日誤；若日不容誤，則指言月誤。此則上有秋，下有九月，則日月俱得有誤。」

十二月乙卯。

十六日。

隱公三年辛酉

正月己亥大　二月己巳小　三月戊戌大

四月戊辰小　五月丁酉大　六月丁卯小

七月丙申大　八月丙寅小　九月乙未大

十月乙丑小　十一月甲午大　十二月甲子小

二月己巳，日食。

一日。

三月庚戌。

十三日。

壬戌。

二十五日。

四月辛卯。

二十四日。

八月庚辰。

十五日。

冬，庚戌。

十二月無庚戌，十一月十七日也。案左傳正義云：「傳紀庚戌無月，而云『十二月』者，以經盟于石門在十二月，知此亦十二月也。經書十二月，下云『癸未，葬宋穆公』，計庚戌在癸未之前三十三日，不得共在一月，故長曆推此年十二月甲子朔，十一日有甲戌，二十三日有丙戌，不得有庚戌，而月有癸未，則月不容誤，知日誤也。」

十二月癸未。

二十日。

隱公四年壬戌

正月癸巳大　二月癸亥小　三月壬辰大
四月壬戌小　五月辛卯大　六月辛酉大
七月辛卯小　八月庚申大　九月庚寅小
十月己未大　十一月己丑小　十二月戊午大

戊申，衞州吁弑其君完〔一〕。

三月十七日也，有日而無月也。案左傳正義云：「戊申在癸未之後二十五日，更盈一周，則八十五日。往年十二月癸未葬宋穆公，則此年二月不得有戊申，雖承『二月』之下，未必是二月之日。故長曆推此年二月癸亥朔，十日壬申，二十二日甲申，不得有戊申也。三月壬辰朔，則十七日有戊申也。此經上有『二月』，下有『夏』，戊申當在三月之内，不是字誤，故云『有日而無月』。僖二十八年冬下無月，而經有『壬申，公朝于王所』，有日而無月。全經凡如此者有十四事，知此亦同之也。」

隱公五年癸亥

正月戊子小　二月丁巳大　三月丁亥小

〔一〕「完」，原誤作「宗」，據文淵閣本改。

四月丙辰大　五月丙戌小　六月乙卯大
七月乙酉小　八月甲寅大　九月甲申小
十月癸丑大　十一月癸未小　十二月壬子大
閏十二月壬午大

十二月辛巳。

三十日。

隱公六年甲子

正月壬子小　二月辛巳大　三月辛亥小
四月庚辰大　五月庚戌小　六月己卯大
七月己酉小　八月戊寅大　九月戊申小
十月丁丑大　十一月丁未大　十二月丁丑小

五月庚申。

十一日。

辛酉。

十二日。

隱公七年乙丑

正月丙午大　二月丙子小　三月乙巳大

四月乙亥小　五月甲辰大　六月甲戌小

七月癸卯大　八月癸酉小　九月壬寅大

十月壬申小　十一月辛丑大　十二月辛未小

閏十二月庚子大

七月庚申。

十八日。

十二月壬申。

二日。

辛巳。

十一日。

隱公八年丙寅

正月庚午大　二月庚子小　三月己巳大
四月己亥小　五月戊辰大　六月戊戌小
七月丁卯大　八月丁酉小　九月丙寅大
十月丙申小　十一月乙丑大　十二月乙未小

三月庚寅。
二十二日。
四月甲辰。
六日。
辛亥。
十三日。
甲寅。
十六日。
六月己亥。

二日。

辛亥。

十四日。

七月庚午。

四日。

八月丙戌。

七月有庚午，丙戌誤；九月有辛卯，二十六日；八月不得有丙戌，丙戌誤也。案左傳正義云：「庚午之後十六日而有丙戌，二十一日而有辛卯，七月有庚午，九月有辛卯，其間不容一月，是八月不得有丙戌。更遥一周，則丙戌去庚午七十七日，八月亦不得有丙戌，足明丙戌爲日誤。長曆推七月丁卯朔，四日庚午，至二十日是丙戌。九月丙寅朔，二十六日辛卯，其月二十一日是丙戌。八月小丁酉朔，十日丙午、二十日丙辰、二日戊戌、十四日庚戌、二十六日壬戌，未知丙戌二字孰爲誤也。」

九月辛卯。

二十六日。

隱公九年丁卯

正月甲子大　二月甲午小　三月癸亥大

四月癸巳大　五月癸亥小　六月壬辰大
七月壬戌小　八月辛卯大　九月辛酉小
十月庚寅大　閏十月庚申小　十一月己丑大
十二月己未小

三月癸酉。

十一日。

庚辰。

十八日。

十一月甲寅。

二十六日。

隱公十年戊辰

正月戊子大　二月戊午小　三月丁亥大
四月丁巳小　五月丙戌大　六月丙辰大
七月丙戌小　八月乙卯大　九月乙酉小

十月甲寅大　十一月甲申小　十二月癸丑大

正月癸丑。

二十六日。案杜氏集解云：「傳言正月會，癸丑盟，釋例推經傳日月，癸丑是正月二十六日，知經二月誤。」

六月戊申。

六月無戊申，五月二十三日也。上有五月，則誤在日。案左傳正義云：「六月無戊申者，下有『辛巳，取防』，亦在六月之内，戊申在辛巳之前三十三日，不得共在一月。上有五月，今别言六月，知日誤月不誤。」長曆推六月丙辰朔，三日戊午，五日庚申，未知二者孰誤？」

壬戌。

七日。

庚午。

十五日。

辛未。

十六日。

庚辰。

二十五日。

辛巳。

二十六日。

七月庚寅。

五日。

八月壬戌。

八日。

癸亥。

九日。

九月戊寅。

九月無戊寅，八月二十四日也。上有八月，下有冬，則誤在日也。案左傳正義云：「經書十月壬午，長曆推壬午十月二十九日，戊寅在壬午之前四日耳，故九月不得有戊寅。知誤在日也。」

十月壬午。

二十九日。

隱公十一年己巳

正月癸未小　二月壬子大　三月壬午小
四月辛亥大　五月辛巳小　六月庚戌大
七月庚辰小　八月己酉大　九月己卯小
十月戊申大　十一月戊寅大　十二月戊申小

五月甲辰。
二十四日。
七月庚辰。
一日。
壬午。
三日。
十月壬戌。
十五日。
十一月壬辰。
十五日。

桓公元年庚午

正月丁丑大　二月丁未小　三月丙子大
四月丙午小　五月乙亥大　六月乙巳小
七月甲戌大　八月甲辰小　九月癸酉大
十月癸卯小　十一月壬申大　十二月壬寅小
閏十二月辛未大

四月丁未。

二日。

桓公二年辛未

正月辛丑小　二月庚午大　三月庚子大
四月庚午小　五月己亥大　六月己巳小
七月戊戌大　八月戊辰小　九月丁酉大
十月丁卯小　十一月丙申大　十二月丙寅小

正月戊申。

八日。

戊申，納于太廟。

五月十日也，有日而無月。案左傳正義云：「長曆此年四月庚午朔，其月無戊申。五月己亥朔，十日得戊申，是有日而無月也。」

桓公三年壬申

正月乙未大　二月乙丑小　三月甲午大

四月甲子小　五月癸巳大　六月癸亥小

七月壬辰大　八月壬戌大　九月壬辰小

十月辛酉大　十一月辛卯小　十二月庚申大

七月壬辰朔，日有食之，既。

一日。

桓公四年癸酉

正月庚寅小　二月己未大　三月己丑小

四月戊午大　五月戊子小　六月丁巳大
七月丁亥小　八月丙辰大　九月丙戌小
十月乙卯大　十一月乙酉小　十二月甲寅大

桓公五年甲戌

正月甲申大　閏正月甲寅小　二月癸未大
三月癸丑小　四月壬午大　五月壬子小
六月辛巳大　七月辛亥小　八月庚辰大
九月庚戌大　十月己卯小〔一〕　十一月己酉小
十二月戊寅大

正月甲戌。

四年十二月二十一日也，書于正月，從赴。

己丑。

〔一〕「己卯」，原誤作「庚辰」，據大小月例可知。

六日。

桓公六年乙亥

正月戊申小　二月丁丑大　三月丁未大
四月丁丑小　五月丙午大　六月丙子小
七月乙巳大　八月乙亥小　九月甲辰大
十月甲戌小　十一月癸卯大　十二月癸酉小

八月壬午。

八日。

九月丁卯。

二十四日。

桓公七年丙子

正月壬寅大　二月壬申小　三月辛丑大
四月辛未小　五月庚子大　六月庚午小

七月己亥大　八月己巳大　九月己亥小
十月戊辰大　十一月戊戌小　十二月丁卯大
閏十二月丁酉小。邢云：「此不合有閏，若來年，五月不得有丁丑。」
二月己亥。
二十八日。

桓公八年丁丑
正月丙寅大　二月丙申小　三月乙丑大
四月乙未小　五月甲子大　六月甲午小
七月癸亥大　八月癸巳小　九月壬戌大
十月壬辰大　十一月壬戌小　十二月辛卯大
正月己卯。
十四日。
五月丁丑。

十四日。

桓公九年戊寅

正月辛酉小　二月庚寅大　三月庚申小
四月己丑大　五月己未小　六月戊子大
七月戊午小　八月丁亥大　九月丁巳小
十月丙戌大　十一月丙辰小　十二月乙酉大

桓公十年己卯

正月乙卯大　二月乙酉小　三月甲寅大
四月甲申小　五月癸丑大　六月癸未小
七月壬子大　八月壬午小　九月辛亥大
十月辛巳小　十一月庚戌大　十二月庚辰小

正月庚申。

六日。

十二月丙午。

二十七日。

桓公十一年庚辰

正月己酉大　閏正月己卯小　二月戊申大

三月戊寅小　四月丁未大　五月丁丑大

六月丁未小　七月丙子大　八月丙午小

九月乙亥大　十月乙巳小　十一月甲戌大

十二月甲辰小

五月癸未。

七日。

九月丁亥。

十三日。

己亥。

二十五日。

桓公十二年辛巳

正月癸酉大　二月癸卯小　三月壬申大

四月壬寅小　五月辛未大　六月辛丑小

七月庚午大　八月庚子大　九月庚午小

十月己亥大　十一月己巳小　十二月戊戌大

六月壬寅。

二日。

七月丁亥。

十八日。

八月壬辰。

七月二十三日，書八月，從赴也。案孔穎達正義云：「壬辰是七月二十三日。今上有七月，書于八月之下，如此類者，注皆謂之日誤。今云『從赴』者，以其中不可通，欲兩解故也。五年正月甲戌、己丑，陳侯鮑卒，甲戌非正月之日，而以正月起文，傳言再赴〔一〕，是赴以正月也。彼以十二月之日爲正月赴魯，知赴者或

〔一〕「再」，原作「兩」，據阮刻本左傳注疏改。

有以前月之日從後月而赴，故因此以示别意。」

十一月丙戌。

十八日。

十二月丁未。

十日。

桓公十三年壬午

正月戊辰小　閏正月丁酉大　二月丁卯小

三月丙申大　四月丙寅小　五月乙未大

六月乙丑小　七月甲午大　八月甲子小

九月癸巳大　十月癸亥小　十一月壬辰大

十二月壬戌大

二月己巳。

三日。

桓公十四年癸未

正月壬辰小　二月辛酉大　三月辛卯小
四月庚申大　五月庚寅小　六月己未大
七月己丑小　八月戊午大　九月戊子小
十月丁巳大　十一月丁亥小　十二月丙辰大

八月壬申。
十五日。
乙亥。
十八日。
十二月丁巳〔一〕。
二日。

桓公十五年甲申

〔一〕「二」，原譌作「一」，據經文改。

正月丙戌小　二月乙卯大　三月乙酉大
四月乙卯小　五月甲申大　六月甲寅小
七月癸未大　八月癸丑小　九月壬午大
十月壬子小　十一月辛巳大　十二月辛亥小

三月乙未。
十一日。
四月己巳。
十五日。
六月乙亥。
二十二日。

桓公十六年乙酉
正月庚辰大　二月庚戌小　三月己卯大
四月己酉小　五月戊寅大　六月戊申大
閏六月戊寅小　七月丁未大　八月丁丑小

九月丙午大　十月丙子小　十一月乙巳大

十二月乙亥小

經言「冬，城向。十有一月，衛侯朔出奔齊」，傳曰「冬，城向，書時也」，學者疑于「冬城向」在十月，下有十一月，而傳云「書時」。今推校閏在六月，則月卻而節前，水星可在十一月而正也。功役之時，皆總指天象，不與諸曆數同也。詩曰「定之方中，作于楚宫」，此未正中也，傳之釋經，皆通言一時，不月别也。經書「夏，叔弓如滕。五月，葬滕成公」，若無傳辭，則必謂叔弓四月如滕。推此言之，城向亦俱是十一月，但本事異，各隨本而書之耳。不然，丘明無緣發「書時」之傳也。案孔穎達正義云：「杜以城向與下同月，故檢叔弓如滕經傳之異，如滕與葬同月，知此城向與出奔同月。但本事既異，各隨本而書之。下有月而此無月耳〔一〕，其實同是十一月也。但十一月水星昏猶未正，故復推校曆數，此年月卻節前，水星可在十一月而正。又方者，未至之辭，故以『定之方中』爲比，欲向中而實未正中。十一月，可以興土功也，書時，非傳誤也。劉炫規過以爲，『案周語云：「辰角見而雨畢，天根見而水涸，駟見而隕霜，火見而清風戒寒。故先王之教曰：雨畢而除道，水涸而成梁，隕霜而冬裘具，清風至而修城郭。」故夏令曰：九月除道，

〔一〕下「月」字脱，據阮刻本補。

十月成粱。營室之中，土功其始。」先儒以爲，建戌之月，霜始降，房星見霜降之後，寒風至而心星見。鄭玄云：「辰角見，謂九月本；天根見，謂九月末。天根謂氐星是也。」自然火見是建亥之月。又春秋城楚丘是正月，而杜引詩云「定之方中」，未正中也，定星豈正月未正中乎？據此諸文，則火見、土功必在建亥之月，建戌之月必無土功之理〔一〕。而杜以爲建戌之月得城向者，非也。」今案周語之文，單子見陳不除道，故譏爲此言，所舉時節並在早月。月令孟冬，天子始裘，單子云『隕霜而冬裘具』，九月已裘，是其早也。且周語之文據尋常節氣，九月而除道，十月而興土功。杜以此年閏在六月，則建戌之月二十一日，已得建亥節氣，土功之事，何爲不可？諸侯城楚丘，自在正月；衛人初作宮室，必在其前。杜云定星方欲正中，于理何失？劉廣引周語以規杜，不知杜謂月卻節前，何須致難也？」

桓公十七年丙戌

正月甲辰大　二月甲戌小　三月癸卯大
四月癸酉小　五月壬寅大　六月壬申小
七月辛丑大　八月辛未大　九月辛丑小
十月庚午大　十一月庚子小　十二月己巳大

〔一〕「土功」，原作「動土」，據文淵閣本、左傳正義改。

正月丙辰。

十三日。

二月丙午。

二月無丙午，日月必有誤，三月四日也。

五月丙午。

五日。

六月丁丑。

六日。

八月癸巳。

二十三日。

冬，十月朔，日有食之，傳曰：「不書日〔一〕。官失之也。天子有日官，諸侯有日御。日官居卿以底日，禮也。日御不失日，以授百官于朝。」

十月辛卯。

〔一〕「日」字原脱，據傳文補。

二十二日。

桓公十八年丁亥

正月己亥小　二月戊辰大　三月戊戌小
四月丁卯大　五月丁酉小　六月丙寅大
七月丙申小　八月乙丑大　九月乙未小
十月甲子大　十一月甲午大　十二月甲子小

四月丙子。

十日。

丁酉，公之喪至自齊。

五月一日也，有日無月。

七月戊戌。

三日。

十二月己丑。

二十六日。

莊公元年戊子

正月癸巳大　二月癸亥小　三月壬辰大

四月壬戌小　五月辛卯大　六月辛酉小

七月庚寅大　八月庚申小　九月己丑大

十月己未小　閏十月戊子大　十一月戊午小

十二月丁亥大

十月乙亥。

十七日。

莊公二年己丑

正月丁巳大　二月丁亥小　三月丙辰大

四月丙戌小　五月乙卯大　六月乙酉小

七月甲寅大　八月甲申小　九月癸丑大

十月癸未小　十一月壬子大　十二月壬午小

十二月乙酉。

四日。

莊公三年庚寅

正月辛亥大　二月辛巳小　三月庚戌大

四月庚辰小　五月己酉大　六月己卯大

七月己酉小　八月戊寅大　九月戊申小

十月丁丑大　十一月丁未小　十二月丙子大

莊公四年辛卯

正月丙午小　二月乙亥大　三月乙巳小

四月甲戌大〔一〕　閏四月甲辰小　五月癸酉大

六月癸卯小　七月壬申大　八月壬寅小

九月辛未大　十月辛丑大　十一月辛未小

〔一〕「大」，原誤作「小」，據大小月例改。

十二月庚子大

六月乙丑。

二十三日。

莊公五年壬辰

正月庚午小　二月己亥大　三月己巳小

四月戊戌大　五月戊辰小　六月丁酉大

七月丁卯小　八月丙申大　九月丙寅小

十月乙未大　十一月乙丑小　十二月甲午大

莊公六年癸巳

正月甲子大　二月甲午小　三月癸亥大

四月癸巳小　五月壬戌大　六月壬辰小

七月辛酉大　八月辛卯小　九月庚申大

十月庚寅小　十一月己未大　十二月己丑小

莊公七年甲午

正月戊午大　二月戊子小　三月丁巳大

四月丁亥大　閏四月丁巳小　五月丙戌大

六月丙辰小　七月乙酉大　八月乙卯小

九月甲申大　十月甲寅小　十一月癸未大

十二月癸丑小

四月辛卯。

五日。

莊公八年乙未

正月壬午大　二月壬子小　三月辛巳大

四月辛亥小　五月庚辰大　六月庚戌小

七月己卯大　八月己酉大　九月己卯小

十月戊申大　十一月戊寅小　十二月丁未大

正月甲午。

十三日。

十一月癸未。

六日。

莊公九年丙申

正月丁丑小　二月丙午大　三月丙子小

四月乙巳大　五月乙亥小　六月甲辰大

七月甲戌小　八月癸卯大　閏八月癸酉小

九月壬寅大　十月壬申大　十一月壬寅小

十二月辛未大

七月丁酉。

二十四日。

八月庚申。

十八日。

莊公十年丁酉

正月辛丑小　二月庚午大　三月庚子小

四月己巳大　五月己亥小　六月戊辰大

七月戊戌小　八月丁卯大　九月丁酉小

十月丙寅大　十一月丙申小　十二月乙丑大

莊公十一年戊戌

正月乙未小　二月甲子大　三月甲午大

閏三月甲子小　四月癸巳大　五月癸亥小

六月壬辰大　七月壬戌小　八月辛卯大

九月辛酉小　十月庚寅大　十一月庚申小

十二月己丑大

五月戊寅。

十六日。

莊公十二年己亥

正月己未小　二月戊子大　三月戊午小
四月丁亥大　五月丁巳大　六月丁亥小
七月丙辰大　八月丙戌小　九月乙卯大
十月乙酉小　十一月甲寅大　十二月甲申小

八月甲午。
九日。

莊公十三年庚子

正月癸丑大　二月癸未小　三月壬子大
四月壬午小　五月辛亥大　六月辛巳小
七月庚戌大　八月庚辰小　九月己酉大
十月己卯大　十一月己酉小　十二月戊寅大

莊公十四年辛丑

正月戊申小　二月丁丑大　三月丁未小

四月丙子大　五月丙午小　閏五月乙亥大
六月乙巳小　七月甲戌大　八月甲辰小
九月癸酉大　十月癸卯小　十一月壬申大
十二月壬寅小

六月甲子。

二十日。

莊公十五年壬寅

正月壬申小　二月辛丑大　三月辛未小
四月庚子大　五月庚午小　六月己亥大
七月己巳小　八月戊戌大　九月戊辰小、
十月丁酉大　十一月丁卯小　十二月丙申大

莊公十六年癸卯

正月丙寅小　二月乙未大　三月乙丑小

四月甲午大　五月甲子大　六月甲午小
七月癸亥大　八月癸巳小　九月壬戌大
十月壬辰小　十一月辛酉大　十二月辛卯小

莊公十七年甲辰

正月庚申大　二月庚寅小　三月己未大
四月己丑小　五月戊午大　六月戊子小
閏六月丁巳大　七月丁亥大　八月丁巳小
九月丙戌大　十月丙辰小　十一月乙酉大
十二月乙卯小

莊公十八年乙巳

正月甲申大　二月甲寅小　三月癸未大
四月癸丑小　五月壬午大　六月壬子小
七月辛巳大　八月辛亥小　九月庚辰大

十月庚戌小　十一月己卯大　十二月己酉大

三月日食。

不書日，官失之。

莊公十九年丙午

正月己卯小　二月戊申大　三月戊寅小

四月丁未大　五月丁丑小　六月丙午大

七月丙子小　八月乙巳大　九月乙亥小

十月甲辰大　十一月甲戌小　十二月癸卯大

六月庚申。

十五日。

莊公二十年丁未

正月癸酉小　二月壬寅大　三月壬申大

四月壬寅小　五月辛未大　六月辛丑小

七月庚午大　八月庚子小　九月己巳大

十月己亥小　十一月戊辰大　十二月戊戌小

閏十二月丁卯大

莊公二十一年戊申

正月丁酉小　二月丙寅大　三月丙申小

四月乙丑大　五月乙未小　六月甲子大

七月甲午大　八月甲子小　九月癸巳大

十月癸亥小　十一月壬辰大　十二月壬戌小

五月辛酉。

二十七日。

七月戊戌。

五日。

莊公二十二年己酉

正月辛卯大　二月辛酉小　三月庚寅大

四月庚申小　五月己丑大　六月己未小
七月戊子大　八月戊午小　九月丁亥大
十月丁巳小　十一月丙戌大　十二月丙辰大

正月癸丑[一]。

二十三日。

七月丙申。

九日。

莊公二十三年庚戌

正月丙戌小　二月乙卯大　三月乙酉小
四月甲寅大　五月甲申小　六月癸丑大
七月癸未小　八月壬子大　九月壬午小
十月辛亥大　十一月辛巳小　十二月庚戌大

[一]「正」，原譌作「五」，據經文改。

十二月甲寅。

五日。

莊公二十四年辛亥

正月庚辰小　二月己酉大　三月己卯大

四月己酉小　五月戊寅大　六月戊申小

七月丁丑大　閏七月丁未小　八月丙子大

九月丙午小　十月乙亥大　十一月乙巳小

十二月甲戌大

八月丁丑。

二日。

戊寅。

三日。

莊公二十五年壬子

正月甲辰小　二月癸酉大　三月癸卯小

四月壬申大　五月壬寅小　六月辛未大

七月辛丑大　八月辛未小　九月庚子大

十月庚午小　十一月己亥大　十二月己巳小

五月癸丑。

十二日。

「六月，辛未朔，日有食之。鼓，用牲于社」，傳曰：「非常也，惟正月之朔，慝未作，日有食之，于是乎用幣于社，伐鼓于朝。」

辛未，實當七月朔也。時司曆置閏漸失其處，謬以爲六月朔，故傳正之也。案孔穎達正義云：「傳言『正月之朔，慝未作』者，謂周之六月，夏之四月也。此亦六月而云『非常』，下句始言唯正月之朔，有用幣伐鼓之禮，明此經雖書六月，實非六月，故云非常鼓之月。長曆推此辛未爲七月之朔，由置閏失所，故誤使七月爲六月也。劉炫云：『知非五月朔者，昭二十四年五月，日有食之，傳云「日過分而未至」，此若是五月，亦應云過分而未至也。今言「慝未作」，則是已作之辭，故知非五月。』案二十四年八月丁丑，夫人姜氏入，從彼推之，則六月辛未朔，非有差錯。杜云置閏失所者，以二十四年八月以前誤置一閏，非八月以來始錯也。」

莊公二十六年癸丑

正月戊戌大　二月戊辰小　三月丁酉大

四月丁卯小　五月丙申大　六月丙寅小
七月乙未大　八月乙丑小　九月甲午大
十月甲子小　十一月癸巳大　十二月癸亥小

十二月癸亥朔，日食。

一日。

莊公二十七年甲寅

正月壬辰大　二月壬戌小　三月辛卯大
四月辛酉大　五月辛卯小　六月庚申大
七月庚寅小　八月己未大　九月己丑小
十月戊午大　十一月戊子小　十二月丁巳大

莊公二十八年乙卯

正月丁亥小　二月丙辰大　三月丙戌小
閏三月乙卯大　四月乙酉小　五月甲寅大

六月甲申小　七月癸丑大　八月癸未小
九月壬子大　十月壬午小　十一月辛亥大
十二月辛巳大
　三月甲寅。
　　二十九日。
四月丁未。
　二十三日。

莊公二十九年丙辰
正月辛亥小　二月庚辰大　三月庚戌小
四月己卯大　五月己酉小　六月戊寅大
七月戊申小　八月丁丑大　九月丁未小
十月丙子大　十一月丙午小　十二月乙亥大。案是年長曆本無閏，趙汸春秋屬辭引長曆是年閏二月，當是抄撮之訛。

莊公三十年丁巳

正月乙巳小　二月甲戌大　閏二月甲辰小
三月癸酉大　四月癸卯小　五月壬申大
六月壬寅小　七月辛未大　八月辛丑小
九月庚午大　十月庚子大　十一月庚午小
十二月己亥大

四月丙辰。
　十四日。
八月癸亥。
　二十三日。
九月庚午朔，日食。
　一日。

莊公三十一年戊午

正月己巳小　二月戊戌大　三月戊辰小

四月丁酉大　五月丁卯小　六月丙申大
七月丙寅小　八月乙未大　九月乙丑小
十月甲午大　十一月甲子小　十二月癸巳大

莊公三十二年己未

正月癸亥小〔一〕　二月壬辰大　三月壬戌小
閏三月辛卯大　四月辛酉小　五月庚寅大
六月庚申大　七月庚寅小　八月己未大
九月己丑小　十月戊午大　十一月戊子小
十二月丁巳大

七月癸巳。

四日。

八月癸亥。

〔一〕「癸亥」，原作「癸丑」，誤。據上下月朔，可推知此月癸亥朔。

五日。

十月己未。

二日。

閔公元年庚申

正月丁亥小　二月丙辰大　三月丙戌小

四月乙卯大　五月乙酉小　六月甲寅大

七月甲申小　八月癸丑大　九月癸未小

十月壬子大　十一月壬午小　十二月辛亥大

六月辛酉。

八日。

閔公二年辛酉

正月辛巳小　二月庚戌大　三月庚辰大

四月庚戌小　五月己卯大　閏五月己酉小

六月戊寅大　七月戊申小　八月丁丑大

九月丁未小　十月丙子大　十一月丙午小

十二月乙亥大

五月乙酉。

七日。

八月辛丑。

二十五日。

僖公元年壬戌

正月乙巳小　二月甲戌大　三月甲辰小

四月癸酉大　五月癸卯小　六月壬申大

七月壬寅小　八月辛未大　九月辛丑小

十月庚午大　十一月庚子大　閏十一月庚午小

十二月己亥大。

七月戊辰。

二十七日。

十月壬午。

十三日。

十二月丁巳〔一〕。

十九日。

僖公二年癸亥

正月己巳小　二月戊戌大　三月戊辰小

四月丁酉大　五月丁卯小　六月丙申大

七月丙寅小　八月乙未大　九月乙丑小

十月甲午大　十一月甲子小　十二月癸巳大

五月辛巳。

〔一〕「十二月」，原誤作「十一月」，據經文改。

十五日。

僖公三年甲子

正月癸亥小　二月壬辰大　三月壬戌小
四月辛卯大　五月辛酉小　六月庚寅大
七月庚申大　八月庚寅小　九月己未大
十月己丑小　十一月戊午大　十二月戊子小

僖公四年乙丑

正月丁巳大　二月丁亥小　三月丙辰大
四月丙戌小　五月乙卯大　六月乙酉小
七月甲寅大　八月甲申小　九月癸丑大
十月癸未小　十一月壬子大　十二月壬午小

十二月戊申。

二十七日。

僖公五年丙寅

正月辛亥大　二月辛巳大　三月辛亥小
四月庚辰大　五月庚戌小　六月己卯大
七月己酉小　八月戊寅大　九月戊申小
十月丁丑大　十一月丁未小　十二月丙子大
閏十二月丙午小

正月辛亥朔，日南至。

一日。案孔穎達正義云：「冬至者，十一月之中氣。中氣者，月半之氣也。月朔而已得中氣，是必前月閏。閏前之月，則中氣在晦；閏後之月，則中氣在朔。閏者，聚殘餘分之月，其月無中氣〔一〕，半屬前月，半屬後月。是去年當閏十二月，十六日已得此年正月朔大雪節，故此正月朔得冬至也。而杜長曆僖元年閏十一月，此年閏十二月。又閏之相去，曆家大率三十三月耳，杜于此閏相去凡五十月，不與曆數同者，杜推勘春秋日月上下，置閏或稀或數，自準春秋時法，故不與常曆同。」

八月甲午。

〔一〕「月」，原作「中」，據阮刻本改。

十七日。

九月戊申朔，日食。

一日。

十二月丙子朔。

一日。

僖公六年丁卯

正月乙亥大　二月乙巳小　三月甲戌大

四月甲辰大　五月甲戌小　六月癸卯大

七月癸酉小　八月壬寅大　九月壬申小

十月辛丑大　十一月辛未小　十二月庚子大

僖公七年戊辰

正月庚午小　二月己亥大　三月己巳小

四月戊戌大　五月戊辰小　六月丁酉大

七月丁卯大　八月丁酉小　九月丙寅大

十月丙申小　十一月乙丑大　傳閏十一月乙未小，案左傳有「閏月，惠王崩」之文，故此條獨加傳字。

十二月甲子大

僖公八年己巳

正月甲午小　二月癸亥大　三月癸巳小

四月壬戌大　五月壬辰小　六月辛酉大

七月辛卯小　八月庚申大　九月庚寅大

十月庚申小　十一月己丑大　閏十一月己未小

十二月戊子大

十二月丁未。

二十日。

僖公九年庚午

正月戊午小　二月丁亥大　三月丁巳小

四月丙戌大　五月丙辰小　六月乙酉大
七月乙卯小　八月甲申大　九月甲寅小
十月癸未大　十一月癸丑大　十二月癸未小

三月丁丑。

二十一日。

七月乙酉。

七月無乙酉，八月二日也，日月必有誤。

九月戊辰。

十五日。

甲子。

十一日。

僖公十年辛未

正月壬子大　二月壬午小　三月辛亥大
四月辛巳小　五月庚戌大　六月庚辰小

七月己酉大　八月己卯小　九月戊申大
十月戊寅小　十一月丁未大　十二月丁丑小

僖公十一年壬申

正月丙午大　二月丙子大　三月丙午小
四月乙亥大　五月乙巳小　六月甲戌大
七月甲辰小　八月癸酉大　九月癸卯小
十月壬申大　十一月壬寅小　十二月辛未大

僖公十二年癸酉

正月辛丑小　二月庚午大　閏二月庚子大
三月庚午小　四月己亥大　五月己巳小
六月戊戌大　七月戊辰小　八月丁酉大
九月丁卯小　十月丙申大　十一月丙寅小
十二月乙未大

三月庚午，日食。
一日。
十二月丁丑。
十一月十二日也，書於十二月，從赴也。

僖公十三年甲戌

正月乙丑小　二月甲午大　三月甲子小
四月癸巳大　五月癸亥大　六月癸巳小
七月壬戌大　八月壬辰小　九月辛酉大
十月辛卯小　十一月庚申大　十二月庚寅小

僖公十四年乙亥

正月己未大　二月己丑小　三月戊午大
四月戊子小　五月丁巳大　六月丁亥小
七月丙辰大　八月丙戌大　九月丙辰小

十月乙酉大　十一月乙卯小　十二月甲申大

八月辛卯。

六日。

僖公十五年丙子

正月甲寅小　二月癸未大　三月癸丑小

四月壬午大　五月壬子小　六月辛巳大

七月辛亥小　八月庚辰大　九月庚戌大

十月庚辰小　十一月己酉大　十二月己卯小

經「五月，日有食之」，傳曰：「不書朔與日，官失之也。」

九月壬戌。

十三日。

己卯晦。

三十日。案孔穎達正義云：「公羊、穀梁傳皆以晦爲冥，謂晝日暗冥也。杜以長曆推己卯晦九月三十日，春秋值朔書朔，值晦書晦，無義例也。」

十一月壬戌。

十四日。

丁丑。

二十九日。

僖公十六年丁丑

正月戊申大　二月戊寅小　三月丁未大

四月丁丑小　五月丙午大　六月丙子小

七月乙巳大　八月乙亥小　九月甲辰大

十月甲戌小　十一月癸卯大　十二月癸酉小

正月戊申朔。

一日。

三月壬申。

二十六日。

四月丙申。

二十日。

七月甲子。

二十日。

十一月乙卯。

十三日。

僖公十七年戊寅

正月壬寅大　二月壬申大　三月壬寅小

四月辛未大　五月辛丑小　六月庚午大

七月庚子小　八月己巳大　九月己亥小

十月戊辰大　十一月戊戌小　十二月丁卯大

閏十二月丁酉小

十月乙亥。

八日。

十二月乙亥。

九日。

辛巳。

十五日。

僖公十八年己卯

正月丙寅大　二月丙申小　三月乙丑大

四月乙未小　五月甲子大　六月甲午大

七月甲子小　八月癸巳大　九月癸亥小

十月壬辰大　十一月壬戌小　十二月辛卯大

五月戊寅。

十五日。

八月丁亥，葬齊桓公。

經傳俱言八月，無丁亥，誤也。

僖公十九年庚辰

正月辛酉小　二月庚寅大　三月庚申小

四月己丑大　五月己未小　六月戊子大
七月戊午小　八月丁亥大　九月丁巳小
十月丙戌大　十一月丙辰大　十二月丙戌小

六月己酉。

二十二日。

僖公二十年辛巳

正月乙卯大　二月乙酉小　三月甲寅大

閏三月甲申小，案趙汸春秋屬辭引長曆，僖二十年閏二月，當是傳寫之訛。四月癸丑大，五月癸未小，

六月壬子大，七月壬午小，八月辛亥大，

九月辛巳小，十月庚戌大，十一月庚辰小，十二月己酉大。

五月乙巳。

二十三日。

僖公二十一年壬午

正月己卯小　二月戊申大　三月戊寅大
四月戊申小　五月丁丑大　六月丁未小
七月丙子大　八月丙午小　九月乙亥大
十月乙巳小　十一月甲戌大　十二月甲辰小
　十二月癸丑。
　十日。

僖公二十二年癸未
正月癸酉大　二月癸卯小　三月壬申大
四月壬寅小　五月辛未大　六月辛丑小
七月庚午大　八月庚子小　九月己巳大
十月己亥大　十一月己巳小　十二月戊戌大
　八月丁未。
　八日。

十一月己巳朔。

一日。

丙子。

八日。

丁丑。

九日。

僖公二十三年甲申

正月戊辰小　二月丁酉大　三月丁卯小

四月丙申大　五月丙寅小　六月乙未大

七月乙丑小　八月甲午大　九月甲子小

十月癸巳大　十一月癸亥小　十二月壬辰大

五月庚寅。

二十五日。

僖公二十四年乙酉

正月壬戌小　二月辛卯大　三月辛酉小
四月庚寅大　閏四月庚申小　五月己丑大
六月己未小　七月戊子大　八月戊午小
九月丁亥大　十月丁巳小　十一月丙戌大
十二月丙辰大

二月甲午。
四日。
辛丑。　十一日。
壬寅。　十二日。
丙午。　十六日。
丁未。

十七日。

戊申。

十八日。

三月己丑晦。

二十九日。

僖公二十五年丙戌

正月丙戌小　二月乙卯大　三月乙酉小

四月甲寅大　五月甲申小　六月癸丑大

七月癸未小　八月壬子大　九月壬午小

十月辛亥大　十一月辛巳小　十二月庚戌大

閏十二月庚辰小

正月丙午。

二十一日。

三月甲辰。

二十日。

四月丁巳。

四日。

戊午。

五日。

癸酉。

二十日。

十二月癸亥。

十四日。

僖公二十六年丁亥

正月己酉大　二月己卯小　三月戊申大

四月戊寅小　五月丁未大　六月丁丑小

七月丙午大　八月丙子小　九月乙巳大

十月乙亥小　十一月甲辰大　十二月甲戌小

正月己未。

十一日。

僖公二十七年戊子

正月癸卯大　二月癸酉大　三月癸卯小

四月壬申大　五月壬寅小　六月辛未大

七月辛丑小　八月庚午大　九月庚子小

十月己巳大　十一月己亥小　十二月戊辰大

六月庚寅。

二十日。

八月乙未。

二十六日。

乙巳，公子遂帥師入杞。

九月六日也，有日而無月也。

十二月甲戌。

七日。

僖公二十八年己丑

正月戊戌小　二月丁卯大　三月丁酉小

四月丙寅大　五月丙申小　六月乙丑大

七月乙未小　八月甲子大　九月甲午小

十月癸亥大　十一月癸巳小　十二月壬戌大

正月戊申。

十一日。

三月丙午。

十日。

四月戊辰。

三日。

己巳。

四日。

癸酉。
八日。
甲午。
二十九日。
五月丙午。
十一日。
丁未。
十二日。
己酉。
十四日。
癸丑。
十八日。
癸亥。
二十八日。案杜預集解云：「經書『癸丑』，傳書『癸亥』，經傳必有誤。」
六月壬午。

十八日。

七月丙申。

二日。

冬，壬申。

十月十日也，十二月十一日亦有壬申，有日無月，無以折正也。

丁丑。

十月十五日也，十二月十六日亦有丁丑，有日無月，無以折正也。

僖公二十九年庚寅

正月壬辰大　二月壬戌小　三月辛卯大

四月辛酉小　五月庚寅大　六月庚申小

七月己丑大　八月己未小　九月戊子大

十月戊午小　十一月丁亥大　十二月丁巳小

僖公三十年辛卯

正月丙戌大　二月丙辰小　三月乙酉大

四月乙卯小　五月甲申大　六月甲寅小
七月癸未大　八月癸丑小　九月壬午大
閏九月壬子大　十月壬午小　十一月辛亥大
十二月辛巳小

九月甲午。

十三日。

僖公三十一年壬辰

正月庚戌大　二月庚辰小　三月己酉大
四月己卯小　五月戊申大　六月戊寅小
七月丁未大　八月丁丑小　九月丙午大
十月丙子小　十一月乙巳大　十二月乙亥小

僖公三十二年癸巳

正月甲辰大　二月甲戌小　三月癸卯大

四月癸酉小　五月壬寅大　六月壬申大
七月壬寅小　八月辛未大　九月辛丑小
十月庚午大　十一月庚子小　十二月己巳大

四月己丑。
　十七日。
十二月己卯。
　十一日。
庚辰。
　十二日。

僖公三十三年甲午
正月己亥小　二月戊辰大　三月戊戌小
四月丁卯大　五月丁酉小　六月丙寅大
七月丙申小　八月乙丑大　九月乙未小
十月甲子大　十一月甲午小　十二月癸亥大

四月辛巳。

十五日。

癸巳。

二十七日。

八月戊子。

二十四日。

「十有二月，公至自齊。乙巳，公薨于小寢。隕霜不殺草，李梅實。」

乙巳，十一月十二日也。經書十二月，誤也。周十一月，今九月，霜當微而重，重又不能殺草，所以爲異也。舊説：公以十二月薨，文二年經書「冬，公子遂如齊納幣」，傳言「禮也」，患其末二十五月。在喪，因以閏數，父母喪，以再朞有加故，必二十五月，故以三年爲稱也。若益之一月，則當有涉四年者也；略而計閏，則當有二年而闋者。故重喪以三年數，則不數閏；輕喪以月數，乃數閏也。今十一月薨，文二年十一月，則二十五月喪事畢，十二月，遣納幣，于禮無違，故傳善之。

文公元年乙未

正月癸巳大　二月癸亥小　三月壬辰大

傳閏三月壬戌小，傳有「于是，閏三月」之文，故特加「傳」字。　四月辛卯大　五月辛酉小

六月庚寅大　七月庚申小　八月己丑大

九月己未小　十月戊子大　十一月戊午小

十二月丁亥大

二月癸亥，日食。

一日。

傳曰：「于是閏三月，非禮也。先王之正時也，履端于始，舉正于中，歸餘于終。履端于始，序則不愆。舉正于中，民則不惑。歸餘于終，事則不悖。」

于僖公之末年，失不置閏，誤于此年三月置閏，故時達曆者譏之。

四月丁巳。

二十七日。

五月辛酉朔。

一日。

六月戊戌。

九日。

十月丁未。

二十日。

文公二年丙申

正月丁巳小　閏正月丙戌大　二月丙辰大

三月丙戌小　四月乙卯大　五月乙酉小

六月甲寅大　七月甲申小　八月癸丑大

九月癸未小　十月壬子大　十一月壬午小

十二月辛亥大

二月甲子。

九日。

丁丑。

二十二日。

三月乙巳。

二十日。

四月己巳。

十五日。

八月丁卯。

十五日。

文公三年丁酉

正月辛巳小　二月庚戌大　三月庚辰大

四月庚戌小　五月己卯大　六月己酉小

七月戊寅大　八月戊申小　九月丁丑大

十月丁未小　十一月丙子大　十二月丙午小

四月乙亥。

二十六日。

十二月己巳。

二十四日

文公四年戊戌

正月乙亥大　二月乙巳小　三月甲戌大

四月甲辰大　五月甲戌小　六月癸卯大

閏六月癸酉小，案趙汸春秋屬辭引長曆之文，四年閏三月，當是傳寫之訛。　七月壬寅大　八月壬申小

九月辛丑大　十月辛未小　十一月庚子大

十二月庚午小

十二月壬寅。

十二月無壬寅，五年正月四日也，日月必誤。案此則經文實是「冬，十有一月壬寅，夫人風氏薨」，而今三家注疏本俱誤作「十有一月」。案十一月庚子朔，三日爲壬寅，不得謂無壬寅也。因各本經文俱訛，故訂其失于此。

文公五年己亥

正月己亥大　二月己巳大　三月己亥小

四月戊辰大　五月戊戌小　六月丁卯大
七月丁酉小　八月丙寅大　九月丙申小
十月乙丑大　十一月乙未小　十二月甲子大

三月辛亥。
十三日。
十月甲申。
二十日。

文公六年庚子

正月甲午小　二月癸亥大　三月癸巳大
四月癸亥小　五月壬辰大　六月壬戌小
七月辛卯大　八月辛酉小　九月庚寅大
十月庚申小　十一月己丑大　十二月己未小
閏十二月戊子大

八月乙亥。

十五日。

十一月丙寅。

十一月無丙寅，十二月八日也，日月必有誤。

文公七年辛丑

正月戊午大　二月戊子小　三月丁巳大

四月丁亥小　五月丙辰大　六月丙戌小

七月乙卯大　八月乙酉小　九月甲寅大

十月甲申小　十一月癸丑大　十二月癸未小

三月甲戌。

十八日。

四月戊子。

二日。

己丑。

三日。

文公八年壬寅

正月壬子大　二月壬午大　三月壬子小

四月辛巳大　五月辛亥小　六月庚辰大

七月庚戌小　八月己卯大　九月己酉小

十月戊寅大　十一月戊申小　十二月丁丑大。案是年本無閏，趙汸春秋屬辭引長曆云文公八年閏七月，當是抄撮之訛。

八月戊申。

三十日。

十月壬午。

五日。

乙酉。

八日。

丙戌。

九日。

文公九年癸卯

正月丁未小　二月丙子大　三月丙午大
四月丙子小　五月乙巳大　六月乙亥小
七月甲辰大　閏七月甲戌小　八月癸卯大
九月癸酉小　十月壬寅大　十一月壬申小
十二月辛丑大

正月己酉。
三日。
乙丑。
十九日。
二月辛丑。
二十六日。
三月甲戌。

二十九日。

九月癸酉。

一日。

文公十年甲辰

正月辛未小　二月庚子大　三月庚午大

四月庚子小　五月己巳大　六月己亥小

七月戊辰大　八月戊戌小　九月丁卯大

十月丁酉小　十一月丙寅大　十二月丙申小

三月辛卯。

二十二日。

文公十一年乙巳

正月乙丑大　二月乙未小　三月甲子大

四月甲午大　五月甲子小　六月癸巳大

七月癸亥小　八月壬辰大　九月壬戌小
十月辛卯大　十一月辛酉小　十二月庚寅大
十月甲午。
四日。

文公十二年丙午

正月庚申小　二月己丑大　三月己未大
四月己丑小　五月戊午大　六月戊子小
七月丁巳大　八月丁亥小　九月丙辰大
十月丙戌小　十一月乙卯大　閏十一月乙酉小
十二月甲寅大

二月庚子。
十二日。
十二月戊午。
五日。

文公十三年丁未

正月甲申小　二月癸丑大　三月癸未大
四月癸丑小　五月壬午大　六月壬子小
七月辛巳大　八月辛亥小　九月庚辰大
十月庚戌小　十一月己卯大　十二月己酉小〔一〕。

五月壬午。

一日。

十二月己丑。

十二月無己丑，十一月十一日，日月誤也。

文公十四年戊申

正月戊寅大　二月戊申小　三月丁丑大
四月丁未大　五月丁丑小　六月丙午大

〔一〕「小」，原譌作「大」，據大小月例改。

七月丙子小　八月乙巳大　九月乙亥小
十月甲辰大　十一月甲戌小　十二月癸卯大

五月乙亥。

四月二十九日，書于五月，從赴也。

六月癸酉。

二十八日。

七月乙卯。

七月無乙卯，上有六月，下有八月，則誤在日。

九月甲申。

十日。

文公十五年己酉

正月癸酉小　二月壬寅大　三月壬申小
四月辛丑大　五月辛未大　六月辛丑小
七月庚午大　八月庚子小　九月己巳大

十月己亥小　十一月戊辰大　十二月戊戌小

「六月辛丑朔，日有食之。鼓，用牲于社」，傳曰：「非禮也，日有食之，天子不舉，伐鼓于社。諸侯用幣于社，伐鼓于朝。以昭事神、訓民、事君，示有等威，古之道也。」

戊申。

八日。

文公十六年庚戌

正月丁卯大　二月丁酉小　三月丙寅大

四月丙申小　五月乙丑大　閏五月乙未小

六月甲子大　七月甲午小　八月癸亥大

九月癸巳小　十月壬戌大　十一月壬辰小

十二月辛酉大

六月戊辰。

五日。

八月辛未。

九日。

十一月甲寅。

二十三日。

文公十七年辛亥

正月辛卯小　二月庚申大　三月庚寅小

四月己未大　五月己丑小　六月戊午大

七月戊子小　八月丁巳大　九月丁亥小〔一〕

十月丙辰大〔二〕　十一月丙戌小　十二月乙卯大

四月癸亥。

五日。

〔一〕「小」，原作「大」，據大小月例改。

〔二〕「丙辰大」，原誤作「丁巳小」，據大小月例改。

六月癸未。

二十六日。

鄭文公二年六月壬申。

莊二十三年六月二十四日。案莊二十三年六月癸丑朔，壬申當是二十日。

四年二月壬戌。

莊二十五年二月無壬戌，三月二十日也，日月必有誤也。

文公十八年壬子

正月乙酉小　二月甲寅大　三月甲申小

四月癸丑大　五月癸未小　六月壬子大

七月壬午小　八月辛亥大　九月辛巳小

十月庚戌大　十一月庚辰小　十二月己酉大

二月丁丑。

二十四日。

五月戊戌。

十六日。

六月癸酉。

二十二日。

宣公元年癸丑

正月己卯小　二月戊申大　三月戊寅大

四月戊申小　五月丁丑大　六月丁未小

七月丙子大　八月丙午小　九月乙亥大

十月乙巳小　十一月甲戌大　十二月甲辰小

宣公二年甲寅

正月癸酉大　二月癸卯小　三月壬申大

四月壬寅小　五月辛未大　閏五月辛丑小

六月庚午大　七月庚子小　八月己巳大

九月己亥小　十月戊辰大　十一月戊戌小

十二月丁卯大

二月壬子。

十日。

九月乙丑。

二十七日。

壬申，朝于武宫。

十月五日也。既有日無月，「冬」又在「壬申」下，明傳文無較例。

十月乙亥。

八日。

宣公三年乙卯

正月丁酉小　二月丙寅大　三月丙申小

四月乙丑大　五月乙未小　六月甲子大

七月甲午小　八月癸亥大　九月癸巳小

十月壬戌大　十一月壬辰小　十二月辛酉大

十月丙戌。

二十五日。

宣公四年丙辰

正月辛卯小　二月庚申大　三月庚寅小

四月己未大　五月己丑小　六月戊午大

七月戊子小　八月丁巳大　九月丁亥小

十月丙辰大　十一月丙戌大　十二月丙辰小

六月乙酉[一]。

二十八日。

七月戊戌。

十一日。

宣公五年丁巳

〔一〕「乙」，原誤作「己」，據文淵閣本改。

正月乙酉大　二月乙卯小　三月甲申大
四月甲寅小　五月癸未大　六月癸丑小
七月壬午大　八月壬子小　九月辛巳大
十月辛亥小　十一月庚辰大　十二月庚戌小

宣公六年戊午

正月己卯大　二月己酉小　三月戊寅大
四月戊申大　五月戊寅小　閏五月丁未大
六月丁丑小　七月丙午大　八月丙子小
九月乙巳大　十月乙亥小　十一月甲辰大
十二月甲戌小

宣公七年己未

正月癸卯大　二月癸酉小　三月壬寅大
四月壬申小　五月辛丑大　六月辛未大
七月辛丑小　八月庚午大　九月庚子小

十月己巳大　十一月己亥小　十二月戊辰大

宣公八年庚申

正月戊戌小　二月丁卯大　三月丁酉小

四月丙寅大　五月丙申小　六月乙丑大

七月乙未大　八月乙丑小　九月甲午大

十月甲子小　十一月癸巳大　十二月癸亥小

六月辛巳。

十七日。

壬午。

十八日。

戊子。

二十四日。

七月甲子日食，既。

三十日。

十月己丑。

二十六日。

庚寅。

二十七日。

宣公九年辛酉

正月壬辰大　二月壬戌小　三月辛卯大

四月辛酉小　五月庚寅大　六月庚申大

七月庚寅小　八月己未大　九月己丑小

十月戊午大　十一月戊子小　十二月丁巳大

九月辛酉。

九月無辛酉，上有八月，下有十月，誤在日。案孔穎達正義云：「下有十月癸酉，杜以長曆推之，癸酉是十月十六日，辛酉在前十二日耳。故云九月無辛酉，上有八月，下有十月，非月誤也。」

冬十月癸酉。

十六日。

宣公十年壬戌

正月丁亥小　二月丙辰大　三月丙戌大

四月丙辰小　五月乙酉大　閏五月乙卯小

六月甲申大　七月甲寅小　八月癸未大

九月癸丑小　十月壬午大　十一月壬子小

十二月辛巳大

四月丙辰，日食。

一日。

己巳。

十四日。

五月癸巳。

九日。

宣公十一年癸亥

正月辛亥小　二月庚辰大　三月庚戌小

四月己卯大　五月己酉小　六月戊寅大
七月戊申小　八月丁丑大　九月丁未小
十月丙子大　十一月丙午小　十二月乙亥大
　十月丁亥。
　十二日。

宣公十二年甲子
正月乙巳小　二月甲戌大　三月甲辰小
四月癸酉大　五月癸卯小　閏五月壬申大
六月壬寅大　七月壬申小　八月辛丑大
九月辛未小　十月庚子大　十一月庚午小
十二月己亥大
　六月乙卯。
　十四日。

丙辰。

十五日。

辛未。

三十日。

十二月戊寅。

十二月無戊寅，十一月九日也，日月必有誤也。案孔穎達正義云：「注不言月誤，長曆云『日月必有誤』者，案傳稱『師人多寒』，若是十一月，則今之九月，未是寒時，當月是而日誤也。」

宣公十三年乙丑

正月己巳小　二月戊戌大　三月戊辰小

四月丁酉大　五月丁卯小　六月丙申大

七月丙寅小　八月乙未大　九月乙丑小

十月甲午大　十一月甲子小　十二月癸巳大

宣公十四年丙寅

正月癸亥小　二月壬辰大　三月壬戌小

四月辛卯大　五月辛酉小　六月庚寅大
七月庚申大　八月庚寅小　九月己未大
十月己丑小　十一月戊午大　十二月戊子小
　五月壬申。
　　十二日。

宣公十五年丁卯
　正月丁巳大　二月丁亥小　三月丙辰大
四月丙戌小　五月乙卯大　六月乙酉小
七月甲寅大　八月甲申小　九月癸丑大
十月癸未小　十一月壬子大　閏十一月壬午小
十二月辛亥大
　六月癸卯。
　　十九日。

辛亥。

二十七日。

七月壬午。

二十九日。

宣公十六年戊辰

正月辛巳小　二月庚戌大　三月庚辰小

四月己酉大　五月己卯小　六月戊申大

七月戊寅小　八月丁未大　九月丁丑小

十月丙午大　十一月丙子小　十二月乙巳大

三月戊申。

二十九日。

宣公十七年己巳

正月乙亥小　二月甲辰大　三月甲戌小

四月癸卯大　五月癸酉大　六月癸卯小
七月壬申大　八月壬寅小　九月辛未大
十月辛丑小　十一月庚午大　十二月庚子小
正月庚子。
二十六日。
丁未，蔡侯申卒。
二月四日也，有日而無月也。
六月癸卯，日食。
一日。
己未。
十七日。
十一月壬午。
十三日。
宣公十八年庚午

正月己巳大　二月己亥小　三月戊辰大
四月戊戌小　五月丁卯大　六月丁酉大
七月丁卯小　八月丙申大　九月丙寅小
十月乙未大　十一月乙丑小　十二月甲午大

七月甲戌。

八日。

十月壬戌。

二十八日。

成公元年辛未

正月甲子小　二月癸巳大　三月癸亥小
閏三月壬辰大　四月壬戌小　五月辛卯大
六月辛酉大　七月辛卯小　八月庚申大
九月庚寅小　十月己未大　十一月己丑小
十二月戊午大

二月辛酉。

二十九日。

三月癸未。

二十一日。

成公二年壬申

正月戊子小　二月丁巳大　三月丁亥大

四月丁巳小　五月丙戌大　六月丙辰小

七月乙酉大　八月乙卯小　九月甲申大

十月甲寅小　十一月癸未大　十二月癸丑小

四月丙戌。

四月無丙戌，五月一日也。

六月壬申。

十七日。

癸酉。

十八日。

七月己酉。

二十五日。

八月壬午。

二十八日。

庚寅，衛侯速卒。

據傳，庚寅，九月七日也，有日而無月也。

十一月丙申。

十四日。

成公三年癸酉

正月壬午大　二月壬子大　三月壬午小

四月辛亥大　五月辛巳小　六月庚戌大

七月庚辰小　八月己酉大　九月己卯小

十月戊申大　十一月戊寅大　十二月戊申小

正月辛亥。
三十日。
二月甲子。
十三日。
乙亥。
二十四日。
十一月丙午。
二十九日。
丁未。
三十日。
十二月甲戌。
二十七日。

成公四年甲戌

正月丁丑大　二月丁未小　三月丙子大

四月丙午小　五月乙亥大　六月乙巳小
七月甲戌大　閏七月甲辰小　八月癸酉大
九月癸卯小　十月壬申大　十一月壬寅小
十二月辛未大

三月壬申。

二月二十六日也，書于三月，從赴。

四月甲寅。

九日。

成公五年乙亥

正月辛丑小　二月庚午大　三月庚子大
四月庚午小　五月己亥大　六月己巳小
七月戊戌大　八月戊辰小　九月丁酉大
十月丁卯小　十一月丙申大　十二月丙寅小

十一月己酉。

十四日。

十二月己丑。

二十四日。

成公六年丙子

正月乙未大　二月乙丑小　三月甲午大

四月甲子小　五月癸巳大　六月癸亥小

七月壬辰大　八月壬戌大　九月壬辰小

十月辛酉大　十一月辛卯小　十二月庚申大

二月辛巳。

十七日。

四月丁丑。

十四日。

六月壬申。

十日。

成公七年丁丑

正月庚寅小　二月己未大　三月己丑小
四月戊午大　五月戊子小　六月丁巳大
七月丁亥小　八月丙辰大　閏八月丙戌小
九月乙卯大　十月乙酉大　十一月乙卯小
十二月甲申大

八月戊辰。

十三日。

成公八年戊寅

正月甲寅小　二月癸未大　三月癸丑小
四月壬午大　五月壬子小　六月辛巳大
七月辛亥小　八月庚辰大　九月庚戌小

十月己卯大　十一月己酉小　十二月戊寅大

十月癸卯。

二十五日。

成公九年己卯

正月戊申大　二月戊寅小　三月丁未大
四月丁丑小　五月丙午大　六月丙子小
七月乙巳大　八月乙亥小　九月甲辰大
十月甲戌小　十一月癸卯大　閏十一月癸酉小
十二月壬寅大

七月丙子。

六月一日也，書七月，從赴。

十一月戊申。

六日。

庚申。

十八日。

城中城。

閏月城之，在十一月之後、十二月之前，故傳云「書時也」。案孔穎達正義云：「長曆推此年閏十一月，傳『城中城』文在十二月上，而云『書時也』，即是閏月城之。閏月半後，即是十二月節，故水昏已正，而城之，是得時也。」

成公十年庚辰

正月壬申大　二月壬寅小　三月辛未大

四月辛丑小　五月庚午大　六月庚子小

七月己巳大　八月己亥小　九月戊辰大

十月戊戌小　十一月丁卯大　十二月丁酉小

五月辛巳。

十二日。

丙午，晉侯獳卒。

據傳，丙午，六月七日，有日無月也。

六月戊申。

九日。

成公十一年辛巳

正月丙寅大　二月丙申大　三月丙寅小

四月乙未大　五月乙丑小　六月甲午大

七月甲子小　八月癸巳大　九月癸亥小

十月壬辰大　十一月壬戌小　十二月辛卯大

三月己丑。

二十四日。

成公十二年壬午

正月辛酉小　二月庚寅大　三月庚申小

四月己丑大　五月己未大　閏五月己丑小

六月戊午大　七月戊子小　八月丁巳大

九月丁亥小　十月丙辰大　十一月丙戌小

十二月乙卯大

五月癸亥。

五日。

成公十三年癸未

正月乙酉小　二月甲寅大　三月甲申大

四月甲寅小　五月癸未大　六月癸丑小

七月壬午大　八月壬子小　九月辛巳大

十月辛亥小　十一月庚辰大　十二月庚戌小

四月戊午。

五日。

五月丁亥。

五日。

六月丁卯。
十五日。
己巳。
十七日。

成公十四年甲申
正月己卯大　二月己酉小　三月戊寅大
四月戊申大　五月戊寅小　六月丁未大
七月丁丑小　閏七月丙午大　八月丙子小
九月乙巳大　十月乙亥小　十一月甲辰大
十二月甲戌小
八月戊戌。
二十三日。
庚子。
二十五日。

十月庚寅。

十六日。

成公十五年乙酉

正月癸卯大　二月癸酉小　三月壬寅大

四月壬申大　五月壬寅小　六月辛未大

七月辛丑小　八月庚午大　九月庚子小

十月己巳大　十一月己亥小　十二月戊辰大

三月乙巳。

四日。

癸丑。

十二日〔一〕。

八月庚辰。

〔一〕「十二」，原誤作「十三」，據文淵閣本改。

十一日。

十一月辛丑。

三日。

成公十六年丙戌

正月戊戌小　二月丁卯大　三月丁酉小

四月丙寅大　五月丙申大　六月丙寅小

七月乙未大　八月乙丑小　九月甲午大

十月甲子小　十一月癸巳大　十二月癸亥小

四月辛未。

六日。

戊寅。

十三日。

六月丙寅朔，日食。

一日。

癸巳。

二十八日。

甲午晦。

二十九日。

七月戊午。

二十四日。

十月乙亥。

十二日。

十二月乙丑。

三日。

乙酉。

二十三日。

成公十七年丁亥

正月壬辰大　二月壬戌小　三月辛卯大

四月辛酉小　五月庚寅大　六月庚申小
七月己丑大　八月己未小　九月戊子大
十月戊午小　十一月丁亥大　十二月丁巳小
傳閏十二月丙戌大。案傳有「閏月，乙卯晦」之文，故此條特加傳字。
六月戊辰。
九日。
乙酉。
二十六日。
七月壬寅。
十四日。
九月辛丑。
十四日。
十月庚午。
十三日。

十一月壬申。

十一月無壬申，公羊、穀梁傳及諸儒皆以爲十月十五日也。十月庚午圍鄭，十三日也，推至壬申，誠在十五日。然據傳曰「十一月，諸侯還自鄭。壬申，至于貍脤而卒」，此非十月，分明誤在日也。

十二月丁巳朔，日食。

一日。

壬午。

二十六日。

閏月，乙卯晦。

三十日。

成公十八年戊子

正月丙辰小　二月乙酉大　三月乙卯大

四月乙酉小　五月甲寅大　六月甲申小

七月癸丑大　八月癸未小　九月壬子大

十月壬午小　十一月辛亥大　十二月辛巳小

正月庚申。

五日。

庚午。

十五日。

辛巳。

二十六日。案孔穎達正義云：「服虔本作辛未，晉語亦作辛巳，孔晁云：『以辛未盟入國，辛巳朝祖廟，取其新也。』案晉語稱『庚午，大夫逆于清原』，傳云『庚午，盟而入』，逆日即盟，非辛未也，傳與晉語皆云『辛巳，朝于武宫』，服本自誤耳。孔晁强欲合之，非也。」

甲申晦。

二十九日。

二月乙酉朔。

一日。

八月己丑。

七日。

十二月丁未。
二十七日。

襄公元年己丑

正月庚戌大　二月庚辰小　三月己酉大
四月己卯大　五月己酉小　六月戊寅大
七月戊申小　八月丁丑大　九月丁未小
十月丙子大　十一月丙午小　十二月乙亥大

正月己亥。

正月無己亥，誤也。案傳云「元年春，己亥，圍宋彭城」，杜預集解云：「下有二月，即此己亥爲正月，正月無己亥，日誤。」孔穎達正義申之云：「長曆推此年正月庚戌朔，其月無己亥。圍宋彭城，經在『正月』之下，傳文下有二月，則己亥必是正月，月不容誤，知是日誤也。」

九月辛酉。
十五日。

襄公二年庚寅

正月乙巳小　二月甲戌大　三月甲辰小

四月癸酉大　閏四月癸卯小　五月壬申大

六月壬寅大　七月壬申小　八月辛丑大

九月辛未小　十月庚子大　十一月庚午小

十二月己亥大

五月庚寅。

十九日。

六月庚辰。

七月九日也，書於六月經，誤也。案孔穎達正義云：「經云『六月庚辰，鄭伯睔卒』，傳言『七月庚辰，鄭伯睔卒』，杜以長曆校之，此年六月壬寅朔，其月無庚辰，七月壬申朔，九日得庚辰，則傳與曆合，知傳是而經誤也。此經六月、七月其文皆具，所言誤者，非徒字誤而已，乃是書經誤，以七月之事錯書六月，故長曆云『書于六月經，誤』，言元本書之誤，非字誤也。」

七月庚辰。

九日。

己丑。

十八日。

襄公三年辛卯

正月己巳小　二月戊戌大　三月戊辰小

四月丁酉大　五月丁卯大　六月丁酉小

七月丙寅大　八月丙申小　九月乙丑大

十月乙未小　十一月甲子大　十二月甲午小

四月壬戌。

二十六日。

六月己未。

二十三日。

戊寅。

七月十三日也，據傳盟在秋，經誤也。

襄公四年壬辰

正月癸亥大　二月癸巳小　三月壬戌大

四月壬辰小　五月辛酉大　六月辛卯大

七月辛酉小　八月庚寅大　九月庚申小

十月己丑大　十一月己未小　十二月戊子大

三月己酉。

三月無己酉，二月十七日也，經書己酉，傳言三月，誤也。

七月戊子。

二十八日。

八月辛亥。

二十二日。

襄公五年癸巳

正月戊午小　二月丁亥大　三月丁巳小

四月丙戌大　閏四月丙辰小　五月乙酉大

六月乙卯大　七月乙酉小　八月甲寅大
九月甲申小　十月癸丑大　十一月癸未小
十二月壬子大

九月丙午。

二十三日。

十一月甲午。

十二日。

十二月辛未。

二十日。

襄公六年甲午

正月壬午小　二月辛亥大　三月辛巳小
四月庚戌大　五月庚辰小　六月己酉大
七月己卯大　八月己酉小　九月戊寅大
十月戊申小　十一月丁丑大　十二月丁未小

三月壬午。

二日。

於鄭子國之來聘也，四月甲寅。

五年四月二十九日也。

杞桓公卒之月，乙未。

此年三月十五日也。

丁未。

此年三月二十七日也。

十二月丙辰。

十日。案此齊滅萊之日也。經文本云「十有二月，齊侯滅萊」，而近刻左傳前則曰「十一月，齊侯滅萊，萊恃謀也」，後則曰「晏弱圍棠，十一月丙辰而滅之，遷萊于郳」。今考十一月丁丑朔，是月無丙辰，十二月丁未朔，十日正是丙辰，長曆繫此條于十二月，不言日誤，可見今本傳文兩言十一月，皆十二月之訛也。又程公說春秋分記亦繫丙辰于十二月下，可見南宋時左傳本尚未訛。緣各本俱誤，謹訂于此。

襄公七年乙未

正月丙子大　二月丙午小　三月乙亥大

四月乙巳小　五月甲戌大　六月甲辰小
七月癸酉大　八月癸卯大　九月癸酉小
十月壬寅大　閏十月壬申小　十一月辛丑大
十二月辛未小

十月庚戌。
九日。

壬戌。
二十一日。

十二月丙戌。
十六日。

襄公八年丙申

正月庚子大　二月庚午小　三月己亥大
四月己巳小　五月戊戌大　六月戊辰小
七月丁酉大　八月丁卯小　九月丙申大

十月丙寅大　十一月丙申小　十二月乙丑大

四月庚辰。

十二日。

庚寅。

二十二日。

五月甲辰。

七日。

襄公九年丁酉

正月乙未小　二月甲子大　三月甲午小

四月癸亥大　五月癸巳小　六月壬戌大

七月壬辰小　八月辛酉大　九月辛卯小

十月庚申大　十一月庚寅小　十二月己未大

傳閏月

五月辛酉。

二十九日。

八月癸未。

二十三日。

十月庚午。

十一日。

甲戌。

十五日。

十一月己亥。

十日。

十二月己亥。

參校上下，己亥在十一月十日，又十二月五日有癸亥，癸亥五日，則書之傳，其月不得有己亥，經書十二月，誤也。案孔穎達正義云：「經書『十二月己亥，同盟于戲』，傳言『十一月己亥，同盟于戲』，經傳不同，必有一誤，而傳于戲盟之下更言『十二月癸亥，門其三門』，己亥在癸亥之前二十四日，今以長曆推之，十一月庚寅朔，十日得己亥，十二月己未朔，五日得癸亥，故長曆參校上下，己亥在十一月十日。又十二月五日有癸亥，則其月不得有己亥，經書十二月，誤也。此誤者，唯以「一」字誤爲「二」，非書經誤也。」

十二月癸亥。

五日。

閏月戊寅。

參校上下，此年不得有閏月，戊寅乃是十二月二十日也。思惟古傳文必言「癸亥，門其三門，門五日」，戊寅相去十六日，癸亥，門其三門，門各五日，爲十五日，明日戊寅，濟于陰阪，于敍事及曆皆合。然則，「五」字上與「門」合爲「閏」，後學者自然轉「日」爲「月」也。傳曰：「晉人不得志于鄭，以諸侯復伐之。十二月癸亥，門其三門。」門則向所伐鄟門、師之梁及北門也。晉人三番四軍，以三番爲待楚之備，一番進攻，欲以苦鄭而來楚也。五日一移，楚不來，故侵掠而還。殆必如此。不然，則二字誤。案孔穎達正義云：「衛氏難云：『案昭二十年朔旦冬至，其年云「閏月戊辰，殺宣姜」；又二十二年云〔一〕「閏月，取前城」；並不應有閏，而傳稱閏，是史之錯失，不必皆在應閏之限。杜豈得云此年不得有

〔一〕「二十二」，原誤作「二十三」，據文淵閣本改。

閏，而改爲門五日也？若然，閏月殺宣姜，閏月取前城，皆爲門五日乎？』秦氏釋云：『以傳云三分四軍，又云十二月癸亥，門其三門，既言三分，則三番攻門，計癸亥至戊寅十六日，番別攻門五日，三五十五日，明日戊寅，濟于陰阪，上下符合，故杜爲此解。』蘇氏又云：『案長曆，襄十年十一月丁未是二十四日，十一年四月己亥是十九日，據丁未至己亥，一百七十三日，計十年十一月之後、十一年四月之前，除兩箇殘月，唯置四箇整月，用日不盡，尚餘二十九日。故杜爲長曆，于十年十一月後置閏，既十年有閏，明九年無閏也。』」

襄公十年戊戌

正月己丑小　二月戊午大　三月戊子大

四月戊午小　五月丁亥大　六月丁巳小

七月丙戌大　八月丙辰小　九月乙酉大

十月乙卯小　十一月甲申大　閏十一月甲寅小

十二月癸未大

三月癸丑。

二十六日。案孔穎達正義云：「杜明言癸丑是三月二十六日，下四月戊午云『月一日』，五月庚寅云『月四日』，甲午云『月八日』者，欲證前九年閏月爲門五日，于上下日月相當，故杜備言其日也。劉炫曰：『杜言癸丑二十六日者，見與下四月一日會相近，知非二會也。』」

四月戊午。
一日。
丙寅。
九日。
五月庚寅。
四日。
甲午。
八日。
六月庚午。
十四日
八月丙寅。
十一日。
九月己酉。
二十五日。
十月戊辰。

十四日。
十一月己亥。
十六日。
丁未。
二十四日。

襄公十一年己亥

正月癸丑小　二月壬午大　三月壬子小
四月辛巳大　五月辛亥小　六月庚辰大
七月庚戌小　八月己卯大　九月己酉小
十月戊寅大　十一月戊申大　十二月戊寅小

四月己亥。
十九日。
七月己未。
十日。

丙子。

二十七日。

九月甲戌。

二十六日。

十月丁亥。

十日。

十二月戊寅。

一日。

庚辰。

三日。

壬午。

五日。

己丑。

十二日。

襄公十二年庚子

正月丁未大　二月丁丑小　三月丙午大
四月丙子小　五月乙巳大　六月乙亥小
七月甲辰大　八月甲戌小　九月癸卯大
十月癸酉小　十一月壬寅大　十二月壬申小

襄公十三年辛丑

正月辛丑大　二月辛未大　三月辛丑小
四月庚午大　五月庚子小　六月己巳大
七月己亥小　八月戊辰大　閏八月戊戌小
九月丁卯大　十月丁酉小　十一月丙寅大
十二月丙申小

九月庚辰。

十四日。

襄公十四年壬寅

正月乙丑大　二月乙未小　三月甲子大
四月甲午小　五月癸亥大　六月癸巳大
七月癸亥小　八月壬辰大　九月壬戌小
十月辛卯大　十一月辛酉小　十二月庚寅大

二月乙未朔，日食。

一日。

四月己未。

二十六日。

襄公十五年癸卯

正月庚申小　二月己丑大　三月己未小
四月戊子大　五月戊午小　六月丁亥大
七月丁巳大　八月丁亥小　九月丙辰大
十月丙戌小　十一月乙卯大　十二月乙酉小

二月己亥。

十一日。

八月丁巳，日食。

八月無丁巳，七月一日也，日月必有誤。

十一月癸亥。

九日。

襄公十六年甲辰

正月甲寅大　二月甲申小　三月癸丑大

四月癸未小　五月壬子大　六月壬午小

七月辛亥大　八月辛巳小　九月庚戌大

十月庚辰小　閏十月己酉大　十一月己卯小

十二月戊申大

三月戊寅。

二十六日。

五月甲子。

十三日。

六月庚寅。

九日。

襄公十七年乙巳

正月戊寅小　二月丁未大　三月丁丑小

四月丙午大　五月丙子小　六月乙巳大

七月乙亥小　八月甲辰大　九月甲戌小

十月癸卯大　十一月癸酉小　十二月壬寅大

二月庚午。

二十四日。

十一月甲午。

二十二日。

襄公十八年丙午

正月壬申小　二月辛丑大　三月辛未小

四月庚子大　五月庚午小　六月己亥大

七月己巳小　八月戊戌大　九月戊辰小

十月丁酉大　十一月丁卯小　十二月丙申大

十月丙寅晦。

三十日。

十一月丁卯朔。

一日。

己卯。

十三日。

乙酉。

十九日。

十二月戊戌。

三日。
己亥。
四日。
壬寅。
七日。
甲辰。
九日。

襄公十九年丁未

正月丙寅小　二月乙未大　三月乙丑小
四月甲午大　五月甲子小　六月癸巳大
七月癸亥大　八月癸巳小　九月壬戌大
閏九月壬辰小　十月辛酉大　十一月辛卯小
十二月庚申大
二月甲寅

二十日。

五月壬辰晦

二十九日。

四月丁未

十四日。

七月辛卯

二十九日。

八月甲辰

十二日。

丙辰

二十四日。

襄公二十年戊申[一]

[一]「戊申」，原誤作「戊子」。

正月庚寅小　二月己未大　三月己丑小
四月戊午大　五月戊子大　六月戊午小
七月丁亥大　八月丁巳小　九月丙戌大
十月丙辰小　十一月乙酉大　十二月乙卯小

正月辛亥。
二十二日。
六月庚申。
三日。
十月丙辰朔，日食。
一日。

襄公二十一年己酉
正月甲申大　二月甲寅小　三月癸未大
四月癸丑大　五月癸未小　六月壬子大
七月壬午小　八月辛亥大　閏八月辛巳小

九月庚戌大　十月庚辰小　十一月己酉大
十二月己卯小
九月庚戌朔，日食。
一日。
十月庚辰朔，日食。
一日。

襄公二十二年庚戌
正月戊申大　二月戊寅大　三月戊申小
四月丁丑大　五月丁未小　六月丙子大
七月丙午小　八月乙亥大　九月乙巳小
十月甲戌大　十一月甲辰小　十二月癸酉大
七月辛酉。
十六日。

九月己巳。

二十五日。

十二月丁巳。

十二月無丁巳，十一月十四日也，日月必誤也。

襄公二十三年辛亥

正月癸卯大　二月癸酉小　三月壬寅大

四月壬申小　五月辛丑大　六月辛未小

七月庚子大　八月庚午小　九月己亥大

十月己巳小　十一月戊戌大　十二月戊辰小

二月癸酉朔，日食。

一日。

三月己巳。

二十八日。

八月己卯。

十日。

十月乙亥。

七日。

襄公二十四年壬子

正月丁酉大　二月丁卯小　三月丙申大

閏三月丙寅小　四月乙未大　五月乙丑小

六月甲午大　七月甲子小　八月癸巳大

九月癸亥大　十月癸巳小　十一月壬戌大

十二月壬辰小

七月甲子朔，日食，既。

一日。

八月癸巳朔，日食。

一日。

襄公二十五年癸丑

正月辛酉大　二月辛卯小　三月庚申大
四月庚寅小　五月己未大　六月己丑小
七月戊午大　八月戊子小　九月丁巳大
十月丁亥小　十一月丙辰大　十二月丙戌小

五月甲戌。
　十六日。
乙亥。
　十七日。
丁丑。
　十九日。
辛巳。
　二十三日。
丁亥。
　二十九日。

六月壬子。

二十四日。

七月己巳。

十二日。

八月己巳。

八月無己巳，七月十二日，然則經誤也。

十月甲午。

八日。

襄公二十六年甲寅

正月乙卯大　二月乙酉小　三月甲寅大

四月甲申大　五月甲寅小　六月癸未大

七月癸丑小　八月壬午大　九月壬子小

十月辛巳大　十一月辛亥小　十二月庚辰大

閏十二月庚戌小

二月庚寅。
六日。
辛卯。
七日。
甲午。
十日。
三月甲寅朔。
一日。
八月壬午。
一日。
十二月乙酉。
六日。

襄公二十七年乙卯

正月己卯大　二月己酉大　三月己卯小

四月戊申大　五月戊寅小　六月丁未大
七月丁丑小　八月丙午大　九月丙子小
十月乙巳大　十一月建申乙亥大　閏十一月建酉乙巳小
後閏建戌甲戌大　十二月建亥甲辰小

五月甲辰。
二十七日。
丙午。
二十九日。
六月丁未朔。
一日。
戊申。
二日。
甲寅。
八日。
丙辰。

十日。

壬戌。

十六日。

丁卯。

二十一日。

戊辰。

二十二日。

庚午。

二十四日。

壬申。

二十六日。

七月戊寅。

二日。

庚辰。

四日。

辛巳。

五日。

壬午。

六日。

乙酉。

九日。

九月庚辰。

五日。

辛巳。

六日。

經書「十二月乙亥朔，日有食之」，傳曰：「十一月乙亥朔，日有食之，辰在申，司曆過也，再失閏矣。」

注：「乙亥，十一月朔也，若是十二月朔，則爲三失閏，傳不得言再失閏也。以曆推之，經書十二月，誤也。案孔穎達正義云：「傳曰『辰在申』，若是十二月，當爲辰在亥，以申爲亥，則是三失閏，非再失也。推長曆與傳合，知傳是而經誤也。」閏者，會集數年餘日，因置以要之。案此句

正義引釋例作「因宜以安之」。故閏月無中氣，斗建斜指兩辰之間也。魯之司曆漸失其閏，至此年日食之月，以儀審望，知斗建之在申，斗建在申，乃是周家九月也，而其時曆稱十一月，故知再失閏也。案杜預集解云：「文十一年三月甲子，至今年七十一歲，應有二十六閏，今長曆推得二十四閏，通計少再閏。」孔穎達正義申之云：「曆法十九年爲一章，章有七閏，從文十一年至襄十三年，凡五十七年，已成三章，當有二十一閏。又從襄十四年至今，爲十四年，又當有五閏，故爲應有二十六閏也。劉炫云：『遠取文十一年三月甲子者，以三十年絳縣老人云「臣生之歲，正月甲子朔」，以全日故。又云言通計者，若據前閏以來短計，不得有再失之理。今遠從文十一年以來計之，是爲通計也。』」于是始覺其謬，遂頓置兩閏，以應天正，以敘事期。然則，前閏月爲建酉，後閏月爲建戌，十二月爲建亥，而歲終焉。是以明年經書『春，無冰』，傳以爲『時災』也。若不復頓置兩閏，則明年春是今之九月、十月、十一月也，今之九月、十月、十一月無冰，非天時之異，無緣總書春也。尋案今世所謂魯曆者，不與春秋相符，殆末世好事者爲之，非真也。今俱不知其法術，且依春秋經傳，反覆其終始以求之，近得其實矣。春秋終始閏法，別見此下三十年也。」

襄公二十八年丙辰

正月癸酉大　二月癸卯小　三月壬申大

四月壬寅小　五月辛未大　六月辛丑小
七月庚午大　八月庚子小　九月己巳大
十月己亥小　十一月戊辰大　十二月戊戌小

十月丙辰。

十八日。

十一月乙亥。

八日。

丁亥。

二十日。

癸巳。

二十六日。

十二月乙亥朔。

書十二月，無乙亥朔，日誤。

甲寅。

十七日。

乙未。

十二月無乙未，日誤也。案孔穎達正義云：「甲寅之後四十二日，始得乙未，則甲寅、乙未不得同月。長曆推此年十二月戊戌朔，甲寅是十七日，其月無乙未也。經有十一月、十二月，月不容誤，知日誤也。」

襄公二十九年丁巳

正月丁卯大　二月丁酉小　三月丙寅大
四月丙申大　五月丙寅小　六月乙未大
七月乙丑小　八月甲午大　閏八月甲子小
九月癸巳大　十月癸亥小　十一月壬辰大
十二月壬戌小

二月癸卯。

七日。

五月庚午。

五日。

九月乙未。
三日。
十月庚寅。
二十八日。
十一月乙卯。
二十四日。
十二月己巳。
八日。

襄公三十年戊午

正月辛卯大　二月辛酉小　三月庚寅大
四月庚申小　五月己丑大　六月己未小
七月戊子大　八月戊午小　九月丁亥大
十月丁巳小　十一月丙戌大　十二月丙辰大

二月癸未。

二十三日也。

會于承筐之歲。

其歲文十一年，至襄三十年，七十四歲，其歲三月甲子朔，絳人稱正月甲子朔者，以夏正月數，故師曠于此年曰：「七十三年。」案孔穎達正義云：「文十一年至此年爲七十四年，而止云七十三年，案文十一年正月甲子朔，爲夏之正月，是其年三月也。此年之二月癸未，是夏之十二月，計爲七十三年，猶尚年未終也。」然則，起文十一年三月甲子朔，盡襄三十年二月二十三日癸未，七十三年積二萬六千六十日也[一]，其間有二十七閏，率三十二月有奇，則一年積閏也。今計至襄二十七年十一月乙亥朔，凡有二萬五千七百五十二日，故傳曰「再失閏也」。從乙亥朔之後，至襄三十年二月癸未，其間當九千八百五十日[二]，而有九千九百八日，長五十八日，再失閏，復于此也。雖不知春秋時曆本術，今則

[一] 據長曆推算，自文公十一年三月甲子起，盡襄公三十年二月二十三日癸未，七十三年積二萬六千六百二十六日。今杜氏云二萬六千六十日者，乃據士文伯言「二萬六千六百有六旬」是也，此脱六百二字。下云自文十一年三月甲子朔至襄二十七年十一月乙亥朔，凡有二萬五千七百五十二日者，亦據此算得，即以二萬六千六百六十日減去九百八日是也，26660-908=25752。

[二] 據長曆，自襄二十七年十一月乙亥朔算起，至襄三十年二月癸未，凡八百五十日。知衍「九千」二字。又，若此數不誤，則下當云「而有九百九日，長五十九日」，亦衍「九千」二字。

用此驗衆閏，從文十年上盡隱之前年，一百七年〔一〕，三十九閏。又從襄三十年，下盡哀二十七年，七十六年，二十八閏。閏之大數，皆與古今衆家法符。雖春秋安閏小有失文，大凡二百五十年内〔二〕，有九十四閏，亦無違也。」案孔穎達正義云：「假作全年算之，置七十三年，以全日三百六十五日乘之，已得二萬六千六百四十五也。每年有四分日之一，是四年而成一日，以四除七十三年，又得十八日，并全日爲二萬六千六百六十三日，計終此十二月，盡有二萬六千六百六十三日四分日之一，今除去三日四分日之一，整取六旬，合當十二月二十七日。今杜長曆云二十三日癸未，是少四日，所以不與長曆同者，蓋杜爲長曆約準春秋日月，與常曆不同，故置閏遠近不定。蓋七十三年之内，于常曆校，四箇大月而剩用四日，故癸未爲二十三日。若依常曆，是二十七日也。劉炫云：『所以少三日者，文十一年非首章年，其間閏有前卻。故長曆此月辛酉朔，二十三日得癸未，來月庚寅朔，計至朔長三日。』長曆去年閏八月，由閏近故也。」

四月己亥。

十六日。案傳云：「夏，四月己亥，鄭伯及其大夫盟。」考四月庚申朔，無己亥，十六日乃乙亥也。程公説春秋分記四月下注云：「十五日乙亥，己亥，疑是乙亥之訛。」

〔一〕「一百七年」，恐誤，自文十年上盡隱前年，凡百一十三年。

〔二〕「二百五十年」，疑當作「二百五十五年」，自隱元年至哀二十七年積二百五十五年，凡九十四閏。

戊子。
二十九日。
五月癸巳。
五日。
甲午。
六日。
七月庚子。
十三日。
辛丑。
十四日。
壬寅。
十五日。
癸卯。
十六日。
乙巳。

十八日。

癸丑。

二十六日。

八月甲子。

七日。

己巳。

十二日。

襄公三十一年己未

正月丙戌小　二月乙卯大　三月乙酉小

四月甲寅大　五月甲申小　六月癸丑大

七月癸未小　八月壬子大　九月壬午小

十月辛亥大　十一月辛巳小　十二月庚戌大

六月辛巳。

二十九日。

九月癸巳。

十二日。

己亥。

十八日。

十月癸酉。

二十三日。

昭公元年庚申

正月庚辰小　二月己酉大　三月己卯小

四月戊申大　五月戊寅小　六月丁未大

七月丁丑小　八月丙午大　九月丙子小

十月乙巳大　十一月乙亥小　十二月甲辰大

閏十二月甲戌大

正月乙未。

十六日。

三月甲辰。

二十六日。

五月庚辰。

三日。

癸卯。

二十六日。

六月丁巳。

十一日。

十一月己酉。

十二月有甲辰朔，則十一月不得有己酉。己酉，十二月六日也。經傳言十一月，誤也。又晉烝及趙孟適南陽皆在甲辰朔之前，即是十一月也。然則，傳文十二月誤也。案孔穎達正義云：「杜謂十一月誤者，正謂十一月不得有己酉，以己酉爲誤，十一月非誤也。必知然者，若以爲十二月己酉，則六日己酉，子干奔晉，至晉猶見趙孟，七日庚戌，趙孟卒，便是日相切迫，無相見之理。故知十一月爲是，己酉爲誤。劉炫以爲杜云誤者，以十一月爲誤，當是十二月，而規杜氏，非也。劉炫規云：『杜言十一月誤，當爲十二月。』案下文趙孟庚戌卒，若是郟敖今日死，趙孟明日卒，則子干奔晉，不得見趙孟而議其禄，故謂十一月是，己酉字誤也。」傳先釋經十二月事，下乃更言十一月也。

十二月甲辰朔。

一日。

己酉。

六日。

庚戌。

七日。案傳云：「晉既烝，趙孟適南陽，將會孟子餘。甲辰朔，烝于温。庚戌，卒。」杜預集解云：「甲辰，十二月朔。晉既烝，趙氏乃烝其家廟，則晉烝當在甲辰之前，傳言十二月，誤。」孔穎達正義申之云：「杜以十二月晉既烝，趙孟始適南陽。則趙孟初行，已是十二月也。傳乃云『甲辰朔，烝于温』，案文言之，則是來年正月朔也。服虔云甲辰朔，夏十一月朔也。若是夏十一月朔，當于明年言之，而此年説之，何也？杜以服言不通，故爲此解。云晉既烝，趙孟乃烝其家廟，則晉烝當在甲辰之前，當言十一月，傳言十二月，月誤也。劉炫以爲晉烝及趙孟適南陽並在十一月之前，文繫十二月者，欲見烝後即行，先公後私，十二月之文爲下甲辰朔起本，舉月遥屬下，明晉烝猶在朔前，十二月非誤也。若必如劉言，傳當云『晉既烝，趙孟適南陽，將會孟子餘。十二月甲辰朔，烝于温』，足明先公後私之義，何須虚張十二月于上，遥爲甲辰朔起本？傳文上下未有此例，劉炫之言非也。」

昭公二年辛酉

正月甲辰小　二月癸酉大　三月癸卯小
四月壬申大　五月壬寅小　六月辛未大
七月辛丑小　八月庚午大　九月庚子小
十月己巳大　十一月己亥小　十二月戊辰大

七月壬寅。

二日。

昭公三年壬戌

正月戊戌大　二月戊辰小　三月丁酉大
四月丁卯小　五月丙申大　六月丙寅小
七月乙未大　八月乙丑小　九月甲午大
十月甲子小　十一月癸巳大　十二月癸亥小

正月丁未。

十日。

昭公四年癸亥

正月壬辰大　二月壬戌小　三月壬辰小

四月辛酉大　閏四月辛卯小　五月庚申大

六月庚寅小　七月己未大　八月己丑小

九月戊午大　十月戊子小　十一月丁巳大

十二月丁亥小

六月丙午。

十七日。

八月甲申。

八月無甲申，七月二十六日也，上有七月，下有九月，則誤在日也。案孔穎達正義云：「長曆推此年七月己未朔，二十六日得甲申，八月己丑朔，其月無甲申，而傳上有七月，下有九月，月不容誤，故知日誤。」

十二月癸丑。

二十七日。

乙卯。

二十九日。

昭公五年甲子

正月丙辰大　二月丙戌大　三月丙辰小
四月乙酉大　五月乙卯小　六月甲申大
七月甲寅小　八月癸未大　九月癸丑小
十月壬午大　十一月壬子小　十二月辛巳大

七月戊辰。

十五日。

昭公六年乙丑

正月辛亥小　二月庚辰大　三月庚戌大
四月庚辰小　五月己酉大　六月己卯小
七月戊申大　閏七月戊寅小　八月丁未大
九月丁丑小　十月丙午大　十一月丙子小

十二月乙巳大

六月丙戌。

八日。

昭公七年丙寅

正月乙亥小　二月甲辰大　三月甲戌大

四月甲辰小　五月癸酉大　六月癸卯小

七月壬申大　八月壬寅小　九月辛未大

十月辛丑小　十一月庚午大　十二月庚子小

正月癸巳。

十九日。

二月戊午。

十五日。

四月甲辰朔，日食。

一日。

鑄刑書之歲二月，或夢伯有介而行，曰：「壬子，余將殺帶也。

壬子，六年三月三日也。或人以二月夢，帶以三月三日卒。

明年壬寅，余又將殺段也。」

壬寅，此年正月二十八日。

八月戊辰。

二十七日。

十月辛酉。

二十一日。

十一月癸未。

十四日。

十二月癸亥。

二十四日。

昭公八年丁卯

正月己巳大　二月己亥小　三月戊辰大

四月戊戌小　五月丁卯大　六月丁酉小
七月丙寅大　八月丙申大　閏八月丙寅小
九月乙未大　十月乙丑小　十一月甲午大
十二月甲子小

三月甲申。
十七日。
四月辛丑。
四日。
辛亥。
十四日。
七月甲戌。
九日。
丁丑。
十二日。

八月庚戌。

十五日。

十月壬午。

十八日。

十一月壬午。

十一月無壬午，壬午，十月十八日，傳誤也。

昭公九年戊辰

正月癸巳大　二月癸亥小　三月壬辰大

四月壬戌小　五月辛卯大　六月辛酉小

七月庚寅大　八月庚申小　九月己丑大

十月己未小　十一月戊子大　十二月戊午大

二月庚申。

二月無庚申，庚申，三月二十九日，必有誤也。

經書「夏四月，陳災」，鄭裨竈曰：「今火出而火陳。」

昭十七年，梓慎曰：「火出，于周爲五月也。」閏當在此年五月後，誤在前年，故火以四月出。案孔穎達正義云：「長曆以爲前年閏八月，則此年四月五日得中氣，二十日得五月節，故四月得火見。」

昭公十年己巳

正月戊子小　二月丁巳大　三月丁亥小

四月丙辰大　五月丙戌小　六月乙卯大

七月乙酉小　八月甲寅大　九月甲申小

十月癸丑大　十一月癸未小　十二月壬子大

五月庚辰。

五月無庚辰，四月二十五日也，日月必有誤也。

七月戊子。

四日。

十二月甲子。

十三日。

昭公十一年庚午

正月壬午大　二月壬子小　三月辛巳大
四月辛亥小　五月庚辰大　六月庚戌小
七月己卯大　八月己酉小　九月戊寅大
十月戊申小　十一月丁丑大　十二月丁未小

三月丙申。
十六日。
四月丁巳。
七日。
五月甲申。
五日。
九月己亥。
二十二日。
十一月丁酉。

二十一日。

昭公十二年辛未

正月丙子大　閏正月丙午小　二月乙亥大
三月乙巳小　四月甲戌大　五月甲辰小
六月癸酉大　七月癸卯小　八月壬申大
九月壬寅大　十月壬申小　十一月辛丑大
十二月辛未小

三月壬申。
二十八日。
八月壬午。
十一日。
十月壬申朔。
一日。
丙申。

二十五日。

丁酉。

二十六日。

昭公十三年壬申

正月庚子大　二月庚午小　三月己亥大

四月己巳小　五月戊戌大　六月戊辰小

七月丁酉大　八月丁卯小　九月丙申大

十月丙寅小　十一月乙未大　十二月乙丑小

五月乙卯。

十八日。

丙辰。

十九日。

癸亥。

二十六日。

七月丙寅。

三十日。

八月辛未。

五日。

壬申。

六日。

癸酉。

七日。

甲戌。

八日。

昭公十四年癸酉

正月甲午大　二月甲子大　三月甲午小

四月癸亥大　五月癸巳小　六月壬戌大

七月壬辰小　八月辛酉大　九月辛卯小

十月庚申大　十一月庚寅小　十二月己未大

九月甲午。

四日。

昭公十五年甲戌

正月己丑小　二月戊午大　三月戊子小

四月丁巳大　五月丁亥大　六月丁巳小

七月丙戌大　八月丙辰小　九月乙酉大

閏九月乙卯小　十月甲申大　十一月甲寅小

十二月癸未大

二月癸酉。

十六日。

六月丁巳朔，日食。

一日。

乙丑。

九日。

八月戊寅。

二十三日。

昭公十六年乙亥

正月癸丑小　二月壬午大　三月壬子小

四月辛巳大　五月辛亥小　六月庚辰大

七月庚戌小　八月己卯大　九月己酉小

十月戊寅大　十一月戊申小　十二月丁丑大

二月丙申。

十五日。

八月己亥。

二十一日。

昭公十七年丙子

正月丁未小　二月丙子大　三月丙午小

四月乙亥大　五月乙巳小　六月甲戌大

七月甲辰大　八月甲戌小　九月癸卯大

十月癸酉小　十一月壬寅大　十二月壬申小

六月甲戌朔，日食。

一日。

傳曰：「祝史請所用幣。昭子曰：『日有食之，天子不舉，伐鼓于社；諸侯用幣于社，伐鼓于朝，禮也。』平子禦之，曰：『止也。唯正月朔，慝未作，日有食之，于是乎有伐鼓、用幣，禮也。其餘則否。』太史曰：『在此月也。日過分而未至，三辰有災，于是乎百官降物，君不舉，避移時，樂奏鼓，祝用幣，史用辭，故夏書曰：「辰不集于房，瞽奏鼓，嗇夫馳，庶人走。」此月朔之謂也。當夏四月，是謂孟夏。』平子不從。昭子退，曰：『夫子將有異志，不君君矣。』」

九月丁卯。

二十五日。

庚午。

二十八日。

昭公十八年丁丑

正月辛丑大　閏正月辛未小　二月庚子大

三月庚午大　四月庚子小　五月己巳大

六月己亥小　七月戊辰大　八月戊戌小

九月丁卯大　十月丁酉小　十一月丙寅大

十二月丙申大

二月乙卯。

十六日。

五月丙子。

八日。

戊寅。

十日。

壬午。

五月無壬午，四月二十三日也，日月必有誤。案五月己巳朔，壬午，其十四日也。若四月二十三日，則係壬戌日。此條長曆舛誤。

昭公十九年戊寅

正月丙寅小　二月乙未大　三月乙丑小
四月甲午大　五月甲子小　六月癸巳大
七月癸亥小　八月壬辰大　九月壬戌小
十月辛卯大　十一月辛酉小　十二月庚寅大

五月戊辰。

五日。

乙亥。

十二日。

己卯。

十六日。

七月丙子。

十四日。

昭公二十年己卯

正月庚申小　二月己丑大　三月己未小

四月戊子大　五月戊午大　六月戊子大

七月戊午小　八月丁亥大　閏八月丁巳小

九月丙戌大　十月丙辰小　十一月乙酉大

十二月乙卯小

二月己丑，日南至。

一日也。此年閏當在二月之前，而在二月之後，是以日南至在二月也。

六月丙申。

九日。

癸卯。

十六日。

丙辰。

二十九日。

丁巳晦。

三十日。案孔穎達正義云：「丙辰、丁巳乃是頻日，其事既多，不應二日之中并爲此事，今杜不云日誤者，以誤在可知，故杜不言。」

七月戊午朔。

一日。

八月辛亥。

二十五日。

閏月戊辰。

十二日。

十月戊辰。

十三日。

十一月辛卯。

七日。

昭公二十一年庚辰

正月甲申大　二月甲寅小　三月癸未大

四月癸丑小　五月壬午大　六月壬子大

七月壬午小　八月辛亥大　九月辛巳小

十月庚戌大　十一月庚辰小　十二月己酉大

五月丙申。

十五日。

壬寅。

二十一日。

六月庚午。

十九日〔一〕。

〔一〕「十九」，原作「二十九」，誤。

七月壬午朔，日食。

一日。

八月乙亥。

二十五日。

十月丙寅。

十七日。

十一月癸未。

四日。

丙戌。

七日。

昭公二十二年辛巳

正月己卯小　二月戊申大　三月戊寅小

四月丁未大　五月丁丑小　六月丙午大

七月丙子小　八月乙巳大　九月乙亥小

十月甲辰大　十一月甲戌小　十二月癸卯大

傳閏十二月癸酉小。案傳有「閏月，晉箕遺濟師取前城」之文，故是條獨加傳字。

二月甲子。

十七日。

己巳。

二十二日。

四月乙丑〔一〕。

十九日。

戊辰。

二十二日。

五月庚辰。

四日。

六月丁巳。

〔一〕「乙丑」，原誤作「乙亥」，據文淵閣本改。

十二日。

壬戌。

十七日。

癸亥。

十八日。

乙丑。

二十日。

丙寅。

二十一日。

辛未。

二十六日。

乙亥。

三十日。

七月戊寅。

三日。

辛卯。
十六日。
壬辰。
十七日。
八月辛酉。
十七日。
己巳。
二十五日。
庚午。
二十六日。
辛未。
二十七日。
十月丁巳。
十四日。
庚申。

十七日。

十一月乙酉。

十二日。

己丑。

十六日。

十二月癸酉朔，日食。

傳十二月下有閏月，二十三年正月壬寅朔，二十二年十二月不得有癸酉，癸酉，閏月朔也。又傳十二月有庚戌，計癸酉在庚戌前三十七日，則十二月亦不得有癸酉朔也。以此推之，十二月癸卯朔，經書癸酉，誤也。案孔穎達正義云：「傳十二月下有『閏月，晉箕遺』云云，又云『辛丑，伐京』，辛丑是壬寅之前日也。二十三年傳曰『正月壬寅朔，二師圍郊』，則辛丑是閏月之晦日也。計明年正月之朔與今年十二月朔，中有一閏，相去當爲五十九日，此年十二月當爲癸卯朔，經書癸酉，明是誤也。」

庚戌。

八日。

閏月辛丑。

二十九日。

昭公二十三年壬午

正月壬寅大　二月壬申大　三月壬寅小
四月辛未大　五月辛丑小　六月庚午大
七月庚子小　八月己巳大　九月己亥小
十月戊辰大　十一月戊戌小　十二月丁卯大

正月壬寅朔。

一日。

癸卯。

二日。

丁未。

六日。

庚戌。

九日。

癸丑。
十二日。
四月乙酉。
十五日。
六月壬午。
十三日。
癸未。
十四日。
丙戌。
十七日。
己丑。
二十日。
庚寅。
二十一日。
甲午。

二十五日。

七月戊申。

九日。

丙辰。

十七日。

甲子。

二十五日。

丙寅。

二十七日。

戊辰晦。

二十九日。

八月乙未。

二十七日。

丁酉。

二十九日。

十月甲申。
十七日。

昭公二十四年癸未

正月丁酉小　二月丙寅大　三月丙申大
四月丙寅小　五月乙未大　六月乙丑小
七月甲午大　八月甲子小　九月癸巳大
十月癸亥小　十一月壬辰大　十二月壬戌小

正月辛丑。
五日。
戊午。
二十二日。
二月丙戌。
二十一日。
三月庚戌。

十五日。

五月乙未朔，日食。

一日。

六月壬申。

八日。

丁酉，杞伯郁釐卒。

九月五日也，有日無月。

十月癸酉。

十一日。

甲戌。

十二日。

昭公二十五年甲申

正月辛卯大　二月辛酉小　三月庚寅大

四月庚申小　五月己丑大　六月己未大

七月己丑小　八月戊午大　九月戊子小
十月丁巳大　十一月丁亥小　十二月丙辰大
閏十二月丙戌小

七月上辛。
　三日。
季辛。
　二十三日。
九月戊戌。
　十一日。
己亥。
　十二日。
十月辛酉。
　五日。
戊辰。

十二日。

壬申。

十六日。

十一月己亥。

十三日。

十二月庚辰。

二十五日。

昭公二十六年乙酉

正月乙卯大　二月乙酉小　三月甲寅大

四月甲申小　五月癸丑大〔一〕　六月癸未小

七月壬子大　八月壬午小　九月辛亥大

十月辛巳大　十一月辛亥小　十二月庚辰大

〔一〕「四月甲申小，五月癸丑大」，原誤作「四月甲申大，五月甲寅小」，則是五、六月連小，違乎曆理。

正月庚申。

六日。

五月戊午。

六日[一]。

戊辰。

十六日[二]。

七月己巳。

十八日。

庚午。

十九日。

丙子。

二十五日。

[一]「六日」，原誤作「五日」，據五月癸丑朔改。

[二]「十六」，原誤作「十五」，據五月癸丑朔改。

丁丑。

二十六日。

庚辰。

二十九日。

辛巳。

三十日。

九月庚申。

十日。

十月丙申。

十六日。

辛丑。

二十一日。

十一月辛酉。

十一日。

癸酉。

二十三日。

甲戌。

二十四日。

十二月癸未。

四日。

昭公二十七年丙戌

正月庚戌小　二月己卯大　三月己酉小

四月戊寅大　五月戊申小　六月丁丑大

七月丁未小　八月丙子大　九月丙午小

十月乙亥大　十一月乙巳小　十二月甲戌大

九月己未。

十四日。

昭公二十八年丁亥

正月甲辰小　二月癸酉大　三月癸卯大
四月癸酉小　五月壬寅大　閏五月壬申小
六月辛丑大　七月辛未小　八月庚子大
九月庚午小　十月己亥大　十一月己巳小
十二月戊戌大

四月丙戌。
十四日。
七月癸巳。
二十三日。

昭公二十九年戊子

正月戊辰小　二月丁酉大　三月丁卯小
四月丙申大　五月丙寅大　六月丙申小
七月乙丑大　八月乙未小　九月甲子大
十月甲午小　十一月癸亥大　十二月癸巳小

三月己卯。

十三日。

四月庚子。

五日。

五月庚寅。

二十五日。

昭公三十年己丑

正月壬戌大　二月壬辰小　三月辛酉大

四月辛卯小　五月庚申大　閏五月庚寅小

六月己未大　七月己丑小　八月戊午大

九月戊子大　十月戊午小　十一月丁亥大

十二月丁巳小

六月庚辰。

二十二日。

十二月己卯。

二十三日。

昭公三十一年庚寅

正月丙戌大　二月丙辰小　三月乙酉大

四月乙卯小　五月甲申大　六月甲寅小

七月癸未大　八月癸丑小　九月壬午大

十月壬子小　十一月辛巳大　十二月辛亥小

四月丁巳。

三日。

十二月辛亥朔，日食。

一日。

庚午，日始有謫。

十月十九日也。

昭公三十二年辛卯

正月庚辰大　二月庚戌大　三月庚辰小
四月己酉大　五月己卯小　六月戊申大
七月戊寅小　八月丁未大　九月丁丑小
十月丙午大　十一月丙子小　十二月乙巳大

十一月己丑。
十四日。
十二月己未。
十五日。

定公元年壬辰

正月乙亥小　二月甲辰大　三月甲戌小
四月癸卯大　五月癸酉小　六月壬寅大
七月壬申大　八月壬寅小　九月辛未大
十月辛丑小　十一月庚午大　十二月庚子小

正月辛巳。

七日。

庚寅。

十六日。

六月癸亥。

二十二日。

戊辰。

二十七日。

七月癸巳。

二十二日。

定公二年癸巳

正月己巳大　二月己亥小　三月戊辰大

四月戊戌小　五月丁卯大　閏五月丁酉小

六月丙寅大　七月丙申小　八月乙丑大

九月乙未大　十月乙丑小　十一月甲午大
十二月甲子小
四月辛酉。
二十四日。
五月壬辰。
二十六日。

定公三年甲午

正月癸巳大　二月癸亥小　三月壬辰大
四月壬戌小　五月辛卯大　六月辛酉小
七月庚寅大　八月庚申小　九月己丑大
十月己未小　十一月戊子大　十二月戊午小
二月辛卯。
二十九日。

定公四年乙未

正月丁亥大　二月丁巳大　三月丁亥小

四月丙辰大　五月丙戌小　六月乙卯大

七月乙酉小　八月甲寅大　九月甲申小

十月癸丑大　閏十月癸未小，案趙汸春秋屬辭引長曆云定四年閏七月，當是傳寫之訛。　十一月壬子大

十二月壬午小

二月癸巳。

正月七日也，書于二月，從赴。

四月庚辰。

二十五日。

十一月庚午。

十九日。

己卯。

二十八日。

庚辰。

二十九日。昭三十一年傳曰：「六年十二月庚辰，吴入郢。」今在十一月者，並數閏。

定公五年丙申

正月辛亥大　二月辛巳大　三月辛亥小

四月庚辰大　五月庚戌小　六月己卯大

七月己酉小　八月戊寅大　九月戊申小

十月丁丑大　十一月丁未小　十二月丙子大

三月辛亥朔，日食。

一日。

六月丙申。

十八日。

七月壬子。

四日。

九月乙亥。

二十八日。

十月丁亥。

十一日。

己丑。

十三日。

庚寅。

十四日。

定公六年丁酉

正月丙午小　二月乙亥大　三月乙巳小

四月甲戌大　五月甲辰小　六月癸酉大

七月癸卯小　八月壬申大　九月壬寅大

十月壬申小　十一月辛丑大　十二月辛未小

正月癸亥。

十八日。

四月己丑。

十六日。

定公七年戊戌

正月庚子大　二月庚午小　三月己亥大

四月己巳小　五月戊戌大　六月戊辰小

七月丁酉大　八月丁卯小　九月丙申大

十月丙寅小　十一月乙未大　十二月乙丑小

十一月戊午。

二十四日。

己巳，王入于王城。

十二月五日，有日無月。案孔穎達正義云：「此年經傳日少，上下無可考驗，杜以長曆校之，己巳爲十二月五日。」

定公八年己亥

正月甲午大　二月甲子大　閏二月甲午小

三月癸亥大　四月癸巳小　五月壬戌大

六月壬辰小　七月辛酉大　八月辛卯小

九月庚申大　十月庚寅小　十一月己未大

十二月己丑小

二月己丑。

二十六日。

辛卯。

二十八日。

七月戊辰。

八日。

十月辛卯。

二日。

壬辰。
三日。
癸巳。
四日。

定公九年庚子
正月戊午大　二月戊子小　三月丁巳大
四月丁亥小　五月丙辰大　六月丙戌大
七月丙辰小　八月乙酉大　九月乙卯小
十月甲申大　十一月甲寅小　十二月癸未大
四月戊申。
二十二日。

定公十年辛丑
正月癸丑小　二月壬午大　三月壬子小

四月辛巳大　五月辛亥小　六月庚辰大
閏六月庚戌小　七月己卯大　八月己酉大
九月己卯小　十月戊申大　十一月戊寅小
十二月丁未大

定公十一年壬寅

正月丁丑小　二月丙午大　三月丙子小
四月乙巳大　五月乙亥小　六月甲辰大
七月甲戌小　八月癸卯大　九月癸酉小
十月壬寅大　十一月壬申小　十二月辛丑大

定公十二年癸卯

正月辛未大　二月辛丑小　三月庚午大
四月庚子小　五月己巳大　六月己亥小
七月戊辰大　八月戊戌小　九月丁卯大
十月丁酉小　十一月丙寅大　閏十一月丙申小

十二月乙丑大

十月癸亥。

二十七日。

十一月丙寅朔，日食。

一日。

定公十三年甲辰

正月乙未小　二月甲子大　三月甲午小

四月癸亥大　五月癸巳小　六月壬戌大

七月壬辰小　八月辛酉大　九月辛卯小

十月庚申大　十一月庚寅大　十二月庚申小

十一月丁未。

十八日。

十二月辛未。

十二日。

定公十四年乙巳

正月己丑大　二月己未小　三月戊子大

四月戊午小　五月丁亥大　六月丁巳小

七月丙戌大　八月丙辰大　九月丙戌小

十月乙卯大　十一月乙酉小　十二月甲寅大

閏十二月甲申小

二月辛巳。

二十三日。

定公十五年丙午

正月癸丑大　二月癸未小　三月壬子大

四月壬午小　五月辛亥大　六月辛巳小

七月庚戌大　八月庚辰小　九月己酉大

十月己卯小　十一月戊申大　十二月戊寅大

二月辛丑。

十九日。

五月辛亥。

一日。

壬申。

二十二日。

七月壬申。

二十三日。

八月庚辰朔，日食。

一日。

九月丁巳。

九日。

戊午。

十日。

辛巳。

十月三日也，有日無月。案孔穎達正義云：「此年八月庚辰朔，二日則辛巳，九月不得有辛巳也。更盈一周，則六十二日。月有一大一小，十月己卯朔，三日得辛巳，是有日無月也。」

哀公元年丁未

正月戊申小　二月丁丑大　三月丁未小

四月丙子大　五月丙午小　六月乙亥大

七月乙巳小　八月甲戌大　九月甲辰小

十月癸酉大　十一月癸卯小　十二月壬申大

四月辛巳。

六日。

哀公二年戊申

正月壬寅小　二月辛未大　三月辛丑小

四月庚午大　五月庚子大　六月庚午小

七月己亥大　八月己巳小　九月戊戌大

十月戊辰小　十一月丁酉大　閏十一月丁卯小

十二月丙申大

二月癸巳。

二十三日。

四月丙子。

七日。

六月乙酉。

十六日。

八月甲戌。

六日。

哀公三年己酉

正月丙寅小　二月乙未大　三月乙丑小

四月甲午大　五月甲子小　六月癸巳大

七月癸亥大　八月癸巳小　九月壬戌大

十月壬辰小　十一月辛酉大　十二月辛卯小

四月甲午。
一日。
五月辛卯。
二十八日。
六月癸卯。
十一日。
七月丙子。
十四日。
十月癸卯。
十二日。
癸丑。
二十二日。

哀公四年庚戌

正月庚申大　二月庚寅小　三月己未大
四月己丑小　五月戊午大　六月戊子小
七月丁巳大　八月丁亥小　九月丙辰大
十月丙戌小　十一月乙卯大　十二月乙酉大

二月庚戌。
二十一日。
六月辛丑。
十四日。
七月庚午。
十四日。
八月甲寅。
二十八日。

哀公五年辛亥

正月乙卯小　二月甲申大　三月甲寅小

四月癸未大　五月癸丑小　六月壬午大
七月壬子小　八月辛巳大　九月辛亥小
十月庚辰大　經閏十月庚戌小，案是年閏月獨見于經，故加經字。又案趙汸春秋屬辭引長曆，是年閏十月，與本文合。孔穎達正義稱長曆是年閏十一月，蓋傳寫之訛。　十一月己卯大　十二月己酉小

九月癸酉。

二十三日。

哀公六年壬子

正月戊寅大　二月戊申小　三月丁丑大
四月丁未小　五月丙子大　六月丙午小
七月乙亥大　八月乙巳大　九月乙亥小
十月甲辰大　十一月甲戌小　十二月癸卯大

六月戊辰。

二十三日。

七月庚寅。

十六日。

十月丁卯。

二十四日。

哀公七年癸丑

正月癸酉小　二月壬寅大　三月壬申小

四月辛丑大　五月辛未小　六月庚子大

七月庚午小　八月己亥大　九月己巳小

十月戊戌大　十一月戊辰小　十二月丁酉大

閏十二月丁卯小

八月己酉。

十一日。

哀公八年甲寅

正月丙申大　二月丙寅大　三月丙申小
四月乙丑大　五月乙未小　六月甲子大
七月甲午小　八月癸亥大　九月癸巳小
十月壬戌大　十一月壬辰小　十二月辛酉大

十二月癸亥。

三日。

哀公九年乙卯

正月辛卯小　二月庚申大　三月庚寅小
四月己未大　五月己丑小　六月戊午大
七月戊子小　八月丁巳大　九月丁亥大
十月丁巳小　十一月丙戌大　十二月丙辰小

二月甲戌。

十五日。

哀公十年丙辰

正月乙酉大　二月乙卯小　三月甲申大

四月甲寅小　五月癸未大　閏五月癸丑小

六月壬午大　七月壬子小　八月辛巳大

九月辛亥小　十月庚辰大　十一月庚戌小

十二月己卯大

三月戊戌。

十五日。

哀公十一年丁巳

正月己酉小　二月戊寅大　三月戊申大

四月戊寅小　五月丁未大　六月丁丑小

七月丙午大　八月丙子小　九月乙巳大

十月乙亥小　十一月甲辰大　十二月甲戌小

五月壬申。

二十六日。

甲戌。

二十八日。

七月辛酉。

十六日。

哀公十二年戊午

正月癸卯大　二月癸酉小　三月壬寅大

四月壬申小　五月辛丑大　六月辛未小

七月庚子大　八月庚午小　九月己亥大

十月己巳大　十一月己亥小　十二月戊辰大

五月甲辰。

四日。

十二月螽，季孫問諸仲尼，仲尼曰：「丘聞之，火伏而後蟄者畢，今火猶西流，司曆過也。」

諸儒皆以爲時實周之九月，而書十二月，謂之再失閏，若如其言，乃成三失，非但再也。今以長曆推春秋，此十二月，乃夏之九月，實周之十一月也。此年當有閏，而今不置閏，此爲失一閏月耳。十二月不應更有螽，故季孫問之。案正義引釋例「問之」作「怪之」。仲尼以斗建在戌，火星尚未盡没，據今猶見，故言猶西流也。案孔穎達正義云：「月令季夏之月，昏火星中。詩云『七月流火』，毛傳云『流，下也』，謂昏而見于西南，漸下流也。周禮司爟云『季秋内火』，是九月之昏火始入，十月之昏則伏。火猶西流者，言其未盡没，是夏九月也」。明夏之九月，尚可有螽也。季孫雖聞仲尼此言，猶不即改，明年十二月，復螽，于是始悟，十四年春乃置閏，欲以補正時曆也。傳于十五年書閏月，蓋置閏正之，欲明十四年之閏，于法當在十二年也。

十二月丙申。

二十九日。

哀公十三年己未

正月戊戌小　二月丁卯大　三月丁酉小

四月丙寅大　五月丙申小　六月乙丑大
七月乙未小　八月甲子大　九月甲午小
十月癸亥大　十一月癸巳小　十二月壬戌大

六月丙子。
　十二日。
乙酉。
　二十一日。
丙戌。
　二十二日。
丁亥。
　二十三日。
七月辛丑。
　七日。
十二月，螽。
　此年猶未置閏，故十二月螽也。

哀公十四年庚申

正月壬辰小　二月辛酉大　閏二月辛卯小

三月庚申大　四月庚寅大　五月庚申小

六月己丑大　七月己未小　八月戊子大

九月戊午小　十月丁亥大　十一月丁巳小

十二月丙戌大

四月庚戌。

二十一日。

五月庚申朔，日食。

一日。

壬申。

十三日。

庚辰。

二十一日。

六月甲午。

六日。

八月辛丑。

十四日。

哀公十五年辛酉

正月丙辰小　二月乙酉大　三月乙卯小

四月甲申大　五月甲寅小　六月癸未大

七月癸丑小　八月壬午大　九月壬子小

十月辛巳大　十一月辛亥小　十二月庚辰大

傳閏十二月庚戌小。案是年傳有「閏月」之文，故此條獨加傳字。

哀公十六年壬戌

正月己卯大　二月己酉大　三月己卯小

四月戊申大　五月戊寅小　六月丁未大

七月丁丑小　八月丙午大　九月丙子小

十月乙巳大　十一月乙亥小　十二月甲辰大

正月己卯。

一日。

四月己丑。

四月十八日有乙丑，無己丑，己丑，五月十二日也，日月必有誤。

哀公十七年癸亥

正月甲戌小　二月癸卯大　三月癸酉小
四月壬寅大　五月壬申大　六月壬寅小
七月辛未大　八月辛丑小　九月庚午大
十月庚子小　十一月己巳大　十二月己亥小

七月己卯。

九日。

十一月辛巳。

十三日。

哀公十八年甲子

正月戊辰大　二月戊戌小　三月丁卯大

四月丁酉小　五月丙寅大　六月丙申小

七月乙丑大　八月乙未大　九月乙丑小

十月甲午大　閏十月甲子小　十一月癸巳大

十二月癸亥小

哀公十九年乙丑

正月壬辰大　二月壬戌小　三月辛卯大

四月辛酉小　五月庚寅大　六月庚申小

七月己丑大　八月己未小　九月戊子大

十月戊午大　十一月戊子小　十二月丁巳大

哀公二十年丙寅

正月丁亥小　二月丙辰大　三月丙戌小

四月乙卯大　五月乙酉小　六月甲寅大

七月甲申小　八月癸丑大　九月癸未小
十月壬子大　十一月壬午小　十二月辛亥大

哀公二十一年丁卯

正月辛巳大　二月辛亥小　三月庚辰大
四月庚戌小　五月己卯大　六月己酉小
七月戊寅大　八月戊申小　九月丁丑大
閏九月丁未小　十月丙子大　十一月丙午小
十二月乙亥大

哀公二十二年戊辰

正月乙巳小　二月甲戌大　三月甲辰大
四月甲戌小　五月癸卯大　六月癸酉小
七月壬寅大　八月壬申小　九月辛丑大
十月辛未小　十一月庚子大　十二月庚午小

十一月丁卯。

二十八日。

哀公二十三年己巳

正月己亥大　二月己巳小　三月戊戌大

四月戊辰小　五月丁酉大　六月丁卯大

七月丁酉小　八月丙寅大　九月丙申小

十月乙丑大　十一月乙未小　十二月甲子大

六月壬辰。

二十六日。

哀公二十四年庚午

正月甲午小　二月癸亥大　三月癸巳小

四月壬戌大　五月壬辰小　六月辛酉大

七月辛卯小　八月庚申大　九月庚寅大

十月庚申小　傳閏十月己丑大，案傳有「閏月，公如越」之文，故是條特加傳字。　十一月己未小

十二月戊子大

哀公二十五年辛未

正月戊午小　二月丁亥大　三月丁巳小

四月丙戌大　五月丙辰小　六月乙酉大

七月乙卯小　八月甲申大　九月甲寅小

十月癸未大　十一月癸丑大　十二月癸未小

五月庚辰。

二十五日。

哀公二十六年壬申

正月壬子大　二月壬午小　三月辛亥大

四月辛巳小　五月庚戌大　六月庚辰小

七月己酉大　八月己卯小　九月戊申大

十月戊寅小　十一月丁未大　十二月丁丑小

十月辛巳。

四日。

哀公二十七年癸酉

正月丙午大　二月丙子大　三月丙午小

四月乙亥大　五月乙巳小　六月甲戌大

七月甲辰小　八月癸酉大　閏八月癸卯小

九月壬申大　十月壬寅小　十一月辛未大

十二月辛丑小

四月己亥。

二十五日。

八月甲戌。

二日。